MÁS RECONOCIMIENTOS PARA *FOMENTANDO EL CAMBIO...*

"La industria del café ha tenido muchos revolucionarios que han provocado el cambio por medio de la confrontación y la controversia, cambiando hacia un territorio no explorado con mucha fanfarria. Rick Peyser es una especie de revolucionario muy distinta. Él ha demostrado el coraje de decir la verdad al poder, pero ha dedicado su energía a construir el consenso entre sus pares y a convencerlos de unirse a él en la marcha larga hacia un cambio duradero. Ha mantenido sus ojos fijados en la meta y en su acostumbrada humildad nunca ha insistido en llevar la bandera. Estoy encantado de unir mi voz al coro de celebración para uno de los revolucionarios más reacios de la industria."

-Michael Sheridan, Intelligentsia, Director de Suministro y Sostenibilidad[1]

"Por más de veinte años, Rick Peyser se ha dedicado a la intimidante tarea de mover la aguja de la pobreza rural en las comunidades productoras de café y ha logrado cambiar la mentalidad de toda una industria. Para todo el que ha sentido alguna vez que un problema era demasiado grande para resolver, hay lecciones importantes que aprender de Fomentando el Cambio. Cualesquiera que sean sus desafíos, Rick claramente muestra que iniciando y permaneciendo comprometido son las llaves del éxito."

-Ric Rhinehart, Director Ejecutivo de Specialty Coffee Association of America

"Rick Peyser es un héroe modesto. Su pasión es contagiosa, su humildad refrescante y su ética íntegra. El viaje de Rick ayudó a transformar una industria y dirigirla hacia la sostenibilidad especialmente para las familias productoras de café alrededor del mundo. Este libro es un testamento al hecho que una persona puede hacer la diferencia y que el cambio significativo es posible."

-William Foote, Fundador y Director Ejecutivo, Root Capital

---

[1] Michael Sheridan trabajaba para Catholic Relief Services (CRS) al momento del lanzamiento de este libro.

"Todo el que se preocupa por las vidas de los productores que cultivan los granos para nuestro café de la mañana necesita leer Fomentando el Cambio. Rick Peyser aceptó escribir la historia de su carrera en Green Mountain Coffee Roaesters no por un ego –de hecho, si él tiene uno, es difícil de encontrar- sino porque él vio esto como una manera de darle voz a quienes no tienen y para crear conciencia sobre las circunstancias de niveles de casi inanición que dichos productores enfrentan rutinariamente. Afortunadamente, Rick y GMCR están tratando de hacer algo al respecto."

-Mark Pendergrast, autor, Terrenos no comunes: La Historia del Café y Cómo ha Transformado Nuestro Mundo (Uncommon Grounds: The History of Coffee and How It Transformed Our World)

"Cuando conocí a Rick por primera vez en una reunión de SCAA hace mucho tiempo ya, mi memoria más vívida es que él siempre estaba sonriendo. A través de los años nuestra relación ha crecido, pasando de ser conocidos apoyándonos mutuamente en el trabajo de cada uno hasta convertirnos en grandes amigos. La pasión de Rick por la gente que hace del café su medio de vida es notable. Lo que lo hace tan bueno en su trabajo, además de su honestidad, es su énfasis en preocuparse y su incansable disposición para estar allí cuando ve gente en las tierras cafetaleras con necesidades. Cuando me siento al final de mi capacidad aquí en la finca, pienso en él y me inspira para continuar."

-Mausi Kuhl, Copropietaria finca Selva Negra, Nicaragua

"Rick Peyser es tantas personas –es un defensor para aquellos que no pueden ser escuchados; mientras otros se cuestionan sus propósitos él es un verdadero creyente; él es valiente ante desafíos abrumadores; es un hombre reservado y extraordinario. Aquellos que quieren hacer una diferencia deberían leer Fomentando el Cambio una y otra vez para que puedan también conocer y adoptar algo de la tenacidad e integridad de Rick mientras ayuda a empujar a Green Mountain Coffee Roasters y al resto de nosotros, a hacer lo correcto."

-Miles Small, Propietario y Editor en Jefe, revista CoffeeTalk y "La Dosis Diaria" (The Daily Dose)

"La historia de Rick nos recuerda de otra avenida de cambio social positivo. Ni una superestrella de gerencia ejecutiva autoritaria, ni el líder de un movimiento social llenando una plaza con manifestantes - en este libro encontramos la usualmente ignorada historia de un hombre reservado, consistente y talentoso haciendo que sucedan cosas como gerente de nivel medio. El será recordado como alguien que escucha, aprende y actúa. En Fomentando el Cambio, aprendemos sobre los movimientos internos de un hombre que ayudó a formar la conciencia social de una industria y su lucha de largo plazo por conectar el negocio de la empresa, la sostenibilidad ecológica y la justicia social."

-Christopher M. Bacon, Profesor de Políticas y Normas Ambientales, Universidad de Santa Clara

FOMENTANDO EL CAMBIO

CAMBIO

Detrás del Grano de Café en Green Mountain
Coffee Roasters

RICK PEYSER 🫘 **BILL MARES**

FOMENTANDO EL CAMBIO

Detrás del Grano de Café en Green Mountain
Coffee Roasters

RICK PEYSER 🫘 **BILL MARES**

ONION
RIVER
PRESS

Burlington,
Vermont

Fomentando El Cambio, Detrás del Grano de Café en Green Mountain Coffee
Roasters
Copyright 2012 por Rick Peyser y Bill Mares
Traducción al español: Carolina Aguilar
Diagramación y revisión versión español: Gabriela Lagos
Todos los derechos reservados. Ninguna parte de este libro puede ser usada o
reproducida de ninguna manera sin una autorización escrita excepto en el caso de
referencias breves dentro de artículos de crítica y revisiones.
Foto de portada por Rick Peyser, Mujeres de San Juan La Laguna con su cosecha.

ISBN: 978-1-935922-10-0 (Edición en Inglés)
Número de control Biblioteca del Congreso: 2012934542
Publicado por Wind Ridge Publishing, Inc.
P.O Box 752
Shellburne, Vermont 05482

ISBN: 978-1-957184-47-0 (Edición en Español)
Número de control Biblioteca del Congreso: 2023923071
Publicado por Onion River Press
47 Maple Street
Burlington, Vermont, 05401
www.onionriverpress.com

Los autores agradecen la traducción al español de Carolina Aguilar y el diseño y revisión de esta edición de Gabriela Lagos. Sin su generoso apoyo, esta edición en español no hubiera sido posible.

Este libro es dedicado a las familias productoras de café de pequeña escala alrededor del mundo.

x

Contenidos

Agradecimientos

Este libro es el resultado de la persuasión de Bill Mares. Sin que Bill me convenciera de que valía la pena contar esta historia, Usted no la estaría leyendo ahora. Además estoy en deuda con Bill por su perseverancia: por su voluntad de pasar incontables tardes de Domingo trabajando en este libro después de largas caminatas en los bosques de Underhilll Center con nuestros dos perros Collie de la Frontera, Ted y Augie; por sus entrevistas en Waterbury; por su verdadero interés en el café; por encontrar su propia senda para ayudar a las familias caficultoras de pequeña escala a mejorar su suerte en la vida a través de la crianza de abejas; y por su amistad; que continuó profundizándose conforme íbamos escribiendo este libro juntos.

Este libro no hubiera sido posible sin el amor y apoyo continuo de mi esposa Jan. Mientras este libro se escribía, Jan fue paciente y me brindó su apoyo al punto de sacrificar muchas de las pocas tardes de domingo que teníamos juntos cuando estaba en casa después de extensos viajes internacionales.

Este libro y los años de trabajo que describe nunca hubieran sido posibles sin la disposición de Jan de ocuparse de apagar los fuegos en casa mientas yo enfocaba mucha de mi energía en las necesidades de familias a miles de kilómetros de distancia.

Hay muchos que directa o indirectamente, con conocimiento o desconociéndolo, contribuyeron a este libro. Temo que pude haber dejado a algunos fuera de esta lista de agradecimientos, hay muchos que merecen reconocimiento. A los que haya pasado por alto, lo lamento profundamente.

Primero, me gustaría agradecer a Bob Stiller, Fundador y presidente de la Junta de Green Mountain Coffee Roasters, Inc. por contratarme hace más de 24 años y por darme la oportunidad de seguir no solamente una carrera, sino también un sueño. Bob siempre apoyó mi trabajo, así como mi involucramiento con la industria en las Juntas de organizaciones como Coffee Kids, la Asociación de Cafés Orgánicos (ORCA –Organic Coffee Association-), la Asociación de Cafés Especiales de América (SCAA -Specialty Coffee Association of America-) y con las Organizaciones de Certificación Internacionales de Comercio Justo (FLO –Fair Trade Labeling Organizations International-), entre otras. Bob es un hombre reservado con una mente aguda y un gran corazón.

Otros en Green Mountain Coffee Roasters que han contribuido su tiempo y esfuerzo en este libro incluyen a Laura Peterson, Caroline Matte, Sandy Yussen, Lindsey Bolger y Mike Dupee. Ha sido un honor tener el apoyo de estos profesionales y buenos amigos que tomaron el tiempo para ayudarme con esta colección de reflexiones sobre mi carrera a la fecha.

Otros que han tenido un rol en este libro incluyen a Bill Bevans, Dan Cox, Ric Rhinehart, Dave Griswold y equipo en Sustainable Harvest, Willy Foote, Mark Pendergrast, Nell Newman, Daniele Giovannucci, Ernesto Méndez, Chris Bacon, Marcela Pino, la Junta de Directivos de Food 4 Farmers, Cate Baril, Janice Nadworny, Ralph Swenson, Paul Rice, Martha Villarreyna, Merling Preza, Pat Palmiotto de la Iniciativa Allwin en la Tuck School, Tadesse Meskela, Ron Layton, Miles Small y Kerri Goodman, Ted Lingle, Carlos Murillo, Bill Fishbein, Carolyn Fairman, Luciana Bonifacio Sette, Michael Sheridan, Liam Brody, Rob Cameron, Mausi y Eddy Kuhl, Oscar Castaneda, Karen Cebreros, Martin Cebreros, Francisco Osuna, Trina Kleist, Susan Williams, Bryan Clifton, Sixto Bonilla Cruz, Jorge Cuevas, Raul Del Aguila Hidalgo, Raul Diaz, Rink Dickinson, Santiago Dolmus, Kimberly Easson, Julio Estrada, Monika Firl, Sam Fujisaka, Thomas Oberthur, Peter Giuliano, Tony y Agueda Garcia, Dr. Jane Goodall, Winston Rost, Erica Grieder, Pedro Haslam, Ed Canty, Paul Katzeff, Peter Laderach, Lilia Ricardez Gallindo, Al Liu, Elizabeth MacGregor-Skinner, Mario Martínez, Alejandro Musalem, Thomas Oberthur, Suzanne DuLong, Danny O'Neill, Victor Perezgrovas, Bob Rice, Claudia Aleman, Omar, "Omarcito" y Carmen Rodriguez, Jonathan Rosenthal, Tim Schilling, Don Seville, Garth y Gay Smith, Susan Wood, Brian Kimmel, David Abedon, Larry Blanford, Clara Palma, Prof. Manuel Sedas, David Estrada, Laura Trujillo Ortega, Helgar Antonio Zelada Valqui, John Zhangwei; Colleen Bramhall, Mary Beth Jenssen y T.H. Moore, Andrew Menke y la facultad y personal de New Hampton School.

También quiero reconocer el impacto de los incontables productores de café y sus familias quienes fueron la fuente de inspiración para este libro.

Finalmente, Bill y yo estamos agradecidos con los tres editores quienes en diferentes etapas mejoraron nuestras ideas y nuestra sintaxis, Anita Selec, Emily Copeland y Lin Stone.

Para concluir, quisiera reconocer el impacto de mi familia, quienes me dieron un impulso inicial en la vida y me ayudaron de alguna manera a llegar donde estoy ahora en este extraño y maravilloso viaje. Mi madre Mary Van Nostrand me mostró que las luchas en la vida pueden ser superadas con amor, gentileza y apoyo. Mi ya fallecido padre, Frederick M. Peyser, Jr. me mostró que las tortugas pueden ganar la carrera. Mi hijo y mi hija, Daniel McKelvey Peyser y Suzanne Peyser Wilbur me mostraron que ser padre es una de las experiencias más gratificantes y una gran lección de humildad que la vida puede ofrecer. Mi hermana Leslie Black me ayudó a comprender las responsabilidades de ser un hermano mayor. Finalmente, estoy eternamente en deuda con mi abuela ya fallecida, Catherine McKelvey Peyser, cuyo amor y apoyo desde una temprana edad me proporcionó la fe para continuar la lucha por aquellos que necesitan y merecen nuestra ayuda en este mundo.

Prólogo

No me daba cuenta en ese momento, pero la dirección de nuestra compañía cambió el día que Rick Peyser regresó de su primer viaje a una comunidad caficultora.

Al igual que cientos de empleados después que él, el viaje "a origen" causó un cambio fundamental en la percepción de Rick y la comprensión de nuestra industria. Fue una oportunidad de ver de primera mano el arduo trabajo que conlleva plantar, podar, cosechar, procesar y secar café –toda la increíble labor e intensivos pasos que el café toma en su largo viaje hasta nosotros en Waterbury, Vermont. Para Rick, abrió sus ojos y despertó una pasión en él por mejorar las vidas de los productores que proveen nuestros granos de alta calidad.

Ese viaje a Costa Rica en 1992 dio inicio a un viaje personal de Rick. Me complace decir que incluyó a sus colegas de Green Mountain Coffee Roasters en el viaje. En muchas formas, la carrera de Rick es un reflejo de la creencia de nuestra organización en usar el poder del negocio para crear un cambio positivo. Nuestra filosofía de Responsabilidad Social Corporativa ha sido siempre "hacer lo correcto", pero los detalles específicos de eso a menudo son guiados por la iniciativa de los empleados. Más que nada, yo era un hombre de negocios que creía que la mejor ruta hacia el éxito era producir y hacer disponibles los mejores productos y servicios posibles y siempre apoyar y cuidar de los empleados para hacer que esto sucediera. Haz eso, pensé y siempre tendrás un negocio exitoso.

A lo largo del camino, se hizo obvio que hacer lo correcto –para nuestros clientes, nuestros consumidores y nuestros socios proveedores- era, de hecho, el modelo de negocio más efectivo. El compromiso de Green Mountain de apoyar lo que apasionaba a la gente dentro de nuestra compañía era increíblemente motivador para nuestros empleados, así como para varios de nuestros socios. Fue conmovedor ver el interés que los caficultores tenían en comprender hacía donde iba su café y en conocer a la gente de la compañía. Los productores estaban motivados a producir el mejor café que pudieran, energizados por nuestra preocupación por ellos y por nuestro aprecio de su trabajo. Muchas veces trabajamos juntos para mejorar sus productos y comunidades y Rick fue central para que muchos de estos esfuerzos salieran adelante.

Hoy, somos una de las compañías de más rápido crecimiento en el mundo y nuestro compromiso para la Responsabilidad Social

Corporativa ha evolucionado junto con nuestro crecimiento. En la medida que crecemos, nuestra habilidad de crear un cambio positivo creció también. En el año fiscal[2] 2011, el 5 por ciento de nuestra ganancia antes de impuestos que comprometimos a proyectos social y ambientalmente responsables representó más de $ 15 millones de dólares. Hemos reducido nuestro enfoque e incrementado nuestra transparencia mientras continuamos buscando soluciones a largo plazo para los problemas que existen en los lugares donde vivimos y hacemos negocio.

A través de estos cambios Rick ha sido incansable en mantenernos enfocados en los individuos que están en el inicio de nuestra cadena de suministro –los miles de pequeños productores de café alrededor del mundo. Él ha conocido incontables organizaciones en comunidades que cultivan café en el mundo; servido en la Junta de Coffee Kids por ocho años; fungió como el único representante de tostadores de café en la Junta de las Organizaciones de Certificación Internacionales de Comercio Justo (FLO –Fair Trade Labeling Organizations International-), con sede en Bonn, Alemania; y trabajó sin cesar para iluminar acerca de los problemas de café sostenible alrededor del mundo. Como presidente de la Asociación de Cafés Especiales de América (SCAA –Specialty Coffee Association of América), Rick invitó a la Doctora Jane Goodall a dar el discurso principal en la conferencia anual de la asociación, que despertó la conciencia entre la conexión que existe entre el café y la conservación. A través de todo, Rick ha manejado su creciente influencia sabiamente, con gracia y efectivamente. Él es visto universalmente como alguien sincero y reflexivo y fue descrito en una oportunidad por una revista de comercio como "el santo de la industria de café".

Estoy orgulloso de estar asociado con un hombre cuya pasión por la justicia es igualada solo por la generosidad de su espíritu y es emocionante verlo reflexionar sobre sus experiencias pasadas y compartir ahora sus pensamientos. Es un viaje inspirador, que aumenta mi esperanza de que podamos todos continuar trabajando juntos para mejorar las cosas para todos.

—Bob Stiller, Fundador de Green Mountain Coffee Roasters

---

[2] FY 2011: Fiscal Year o Año Fiscal en Estados Unidos comprende el período de octubre a septiembre del siguiente año, en este caso, FY 2011, cubre desde octubre 2010 a septiembre 2011.

Prefacio

por Bill Mares

Este libro es de Rick. La idea de escribirlo fue mía.

Conozco a Rick desde hace más de veinte años. Nuestra amistad floreció durante largos entrenamientos sabatinos que nos prepararon para varios maratones. Durante las dos a tres horas de vueltas por la ciudad y el país, hablaríamos de todo – nuestras familias, política, guerra y paz, nuestras dolencias por correr y por supuesto, la industria de café. Cuando se trataba de café, la combinación de mi interés y la vida profesional de Rick, ofrecían horas de conversación en la carretera. Yo había escrito un libro sobre la revolución de la micro cervecería en la industria cervecera, así que estaba intrigado sobre cómo un mercado similar de café "especial" había nacido. Los tomadores de cerveza se han revelado contra la uniformidad y lo aburrido de las gigantes cervezas comerciales de bajo costo y algo similar ha pasado cuando millones de consumidores de café volaron de la amargura opaca del dominante café robusta hacia los más delicados y variados sabores del grano arábica.

A pesar de su trabajo modesto como director de relaciones públicas de Green Mountain Coffee Roasters, Rick estaba en el centro de esta revolución de sabor en el café. El mantuvo varias posiciones en la industria, incluyendo presidente de la Asociación de Cafés Especiales de América (SCAA -Specialty Coffee Association of America-) con 3000 miembros y prestó sus servicios en numerosas Juntas de organizaciones sin fines de lucro. Su interés real estaba en la gente que cultivaba el café. Rick viajaba frecuentemente a tierras cafetaleras para ser voluntario y su español se hizo.

Empecé a invitarlo a dar charlas en mi clase de escuela secundaria sobre la política externa de los Estados Unidos. Los estudiantes amaban su silenciosa intensidad y narrativa convincente sobre la quinta mercancía más valiosa después del petróleo. Ellos estaban hipnotizados por la forma en que describía la última crisis y auge que estaba sacudiendo a la industria y sus millones de familias productoras de café.

Algo de la pasión de Rick empezó a ponerme en acción. Literalmente. Soy un apicultor y mientras escribía un libro sobre la industria de la apicultura, conocí a tres apicultores influyentes quienes estaban haciendo mucho trabajo en Latinoamérica, donde Rick estaba frecuentemente enfocado. El Profesor Dewey Caron había escrito un libro sobre abejas asesinas, así como un manual en lengua española sobre apicultura básica. Tom McCormack, un mecánico de líneas aéreas jubilado estaba dirigiendo tours a Centroamérica con un enfoque en abejas. El tercero, Malcolm Sanford, era un entomólogo de extensión de la Florida que estaba escribiendo algunos materiales sobre apicultura para la web en español. Su trabajo y la convicción de Rick me inspiraron para iniciar a hacer algo donde yo pudiera ayudar –con abejas. Así comenzó mi cruzada para ayudar a los agricultores en el desarrollo de conexiones económicas entre la miel y el café y sobre cómo usar la miel y otros productos apícolas como fuentes complementarias de ingresos. Con una serie de contactos de Rick y a través de múltiples viajes a Centroamérica, Dewey Caron y yo lanzamos un plan para construir un sitio web interactivo para las cooperativas de café interesadas en la apicultura. También me uní a la Junta de Food 4 Farmers, una organización sin fines de lucro que tiene la apicultura como uno de sus enfoques.

Para un viaje a Panamá, Rick me había presentado a un productor de café de nombre Price Peterson cuya finca produjo un café de clase mundial llamado Esmeralda. Durante una pausada charla en el pórtico de su hermosa hacienda en la ciudad norteña de Boquete, Peterson me dijo, "Tu amigo Rick se está convirtiendo en una figura bastante influyente en la industria del café".

En el camino a casa, pensé en esas palabras. Empecé a ver que todas las anécdotas que Rick me había contado sobre las diversas organizaciones con las que él estaba involucrado (Coffee Kids, Organización de Certificación de Comercio Justo, la SCAA y organizaciones no gubernamentales como Save The Children, Heifer International y Catholic Relief Services) no eran solamente oportunidades para mencionar nombres importantes: él se estaba convirtiendo en un pez grande, un motor y un agitador, un arma, una fuerza real en su campo.

Hace veinte años, tuve la coautoría de un libro sobre la democratización del lugar de trabajo, llamado *Trabajando Juntos (Wroking Together)*. En él, hay un capítulo que describe cómo en una organización horizontal, los gerentes de nivel medio son reducidos a la insignificancia. Pero, de alguna manera, esto no le estaba pasando a Rick. Él estaba tallando un nicho para sí mismo desde el centro. En un destello de inspiración, pensé, por qué no un libro sobre Rick, ¿el gerente medio no atrapado en el medio? ¿Mejor aún, por qué no un libro en la propia voz de Rick?

En una carrera un día de otoño, le pregunté sin rodeos.

"Oye, Rick, ¿te gustaría escribir un libro juntos?"

"Claro y cuando hayamos terminado, ¡subamos al Everest!"

"¡Lo digo en serio! Tienes una historia que contar: trabajar para cambiar una empresa y la industria en su conjunto. Eres un empresario social en café. Siempre estás en Centroamérica plantando árboles o ayudando con becas. He escrito un montón de libros, solo y con otros. He sido reportero, sé cómo hacer preguntas y sacar la experiencia que tienes. Seríamos un gran par."

"¿Quién quiere leer un libro sobre mí?".

Es justo eso. No es solamente sobre tu persona. Es sobre ti y la gente con quien trabajas, la gente en Green Mountain Coffee, las organizaciones de la industria, las ONGs, los productores mismos. Este sería un libro sobre un individuo en el centro de una organización, quien, con su propia pasión y personalidad, pasa a tener una influencia más amplia en la compañía."

Me apresuré antes que Rick pudiera derribar la idea.

"Tú representas la cultura que Bob Stiller, el fundador de Green Mountain ha alentado en su empresa. Price Peterson habló sobre tu trabajo en la Organización International de Comercio Justo, como presidente de SCAA, como presidente de Coffee Kids, etcétera. Tu influencia se extiende desde su empresa hasta la industria y más allá en el mundo. Esa es la historia que debes contar; es la antítesis de la narrativa típica de la generación del "yo" con la que tantos Directores Ejecutivos y gurús de la gerencia está obsesionados.

Rick no dijo ni sí ni no, pero en las siguientes semanas podía decir que la idea estaba hirviendo a fuego lento en el quemador. Para probar el concepto, fui con algunos de los antiguos y actuales colegas de Rick en Green Mountain. Uno de ellos era Dan Cox, quien había sido el primer gerente de ventas de la empresa y había fundado la organización sin fines de lucro Grounds for Health. Cox es ahora el dueño de Coffee Enterprises, un negocio que analiza la calidad del café. A él le gustó la propuesta y dijo, "Desde el inicio Rick ha sido un gran oyente y alguien relajado. Él tiene un sentido del humor irónico y apoya mucho a todos. Es un buen escritor y se convirtió en un buen portavoz de la compañía. Y cuando había un problema o situación y la gente se quejaba, Rick diría, "Sí, somos humanos. Cometemos errores. Lo arreglaremos". Su sinceridad en esos momentos era contundente.

"Él estaba genuinamente conmovido cuando vio las condiciones de los productores a quienes comprábamos. Habíamos tenido reuniones de personal donde la gente informaba sobre sus viajes. Mientras algunas personas decían, "Este lugar es una zona de desastre; nunca sacaremos el café de allí". Rick regresaba con algunas ideas reflexivas sobre cómo ayudar a estas personas. Él tenía una convicción con enfoque de láser que aquello que era correcto para el productor de café iba probablemente a ser correcto para la empresa: trata a la gente decentemente, construye relaciones con la gente y eso traerá beneficios para la empresa.

"Su enfoque discreto era aún más persuasivo, porque nunca era sobre Rick. No era ni siquiera sobre la empresa. Se trataba de que al estar nosotros en la industria de café observando que mucha gente dentro de nuestra cadena de suministros necesitaba ayuda, entonces nosotros deberíamos ayudarlos."

Laura Peterson del departamento de mercadeo en Green Mountain observó lo siguiente, "El deseo de Rick de ayudar a otros inició internamente. Pero cuando vio de primera mano la pobreza en las tierras cafetaleras, sintió una responsabilidad de hacer algo al respecto. Afortunadamente, él estaba trabajando en una empresa que era exitosa y receptiva. Así, él tenía los recursos para realmente hacer algo sobre lo que vio. Rick personifica el corazón de nuestra industria".

Sandy Yusen, quien reemplazó a Rick como Directora de Relaciones Públicas, dijo, "Él es una persona tan tranquila, sin pretensiones con una increíble red de conexiones en toda la industria. ¡Conoce a todo el mundo! Su modo tranquilo, combinado con una fuerte brújula moral inspira a otros a seguir su camino".

Lynn Herbert de la división de tecnología de la información viajó a Nicaragua en un viaje de personal liderado por Rick. Ella regresó como una persona cambiada. "Él nos dio una experiencia de vida en ocho días de viaje". Armado con comentarios como este, regresé donde Rick, determinado a persuadirlo que su historia necesitaba ser contada. Para convencerlo me tomó unas cuantas carreras más los sábados, pero finalmente, él aceptó.

Entonces, ¿cómo lo hicimos? Hicimos muchas entrevistas de una a dos horas. Lo llené de preguntas, las grabamos, las escribí, revisé y las devolvía a él y seguíamos refinando. El progreso fue lento y constante —después de varios hitos, por supuesto. Después que teníamos un formato un poco cronológico, por ejemplo. Después que dejamos de intentar contar la historia del café. Después que decidimos que no teníamos que entrevistar a todas las personas claves que han influenciado a Rick. Después que decidimos mantenernos tan cerca del rastro de su vida como pudimos, entonces fue una navegación clara.

En el proceso se tomó mucho café, muchas bromas bien intencionadas. Se necesitaba mucho para obtener más detalles de Rick. Su humildad es un rasgo muy atractivo, pero seguía poniéndose en el camino para escribir este libro. En varias ocasiones pensé en drogarlo con jarabe de la verdad y bombardearlo con preguntas bajo luces brillantes. Mientras trabajábamos juntos en el libro, continué desarrollando mi proyecto para ayudar a los productores de café a formarse en apicultura, todo inspirado en la confianza constante de Rick.

Afortunadamente nuestra amistad ha sobrevivido intacta durante la escritura de este libro y nuestra misión ha sido cumplida. Esperamos que Usted, el lector, se inspirará para encontrar su propio nicho para dar lo mejor que pueda.

Prefacio

por Rick Peyser

Cuando era un niño, pasé casi tanto tiempo en el hogar de mis abuelos paternos como lo hice en el hogar de mis propios padres. Mi abuela, Catherine McKelvey Peyser, nació y pasó su infancia en Donegal, en el norte de Irlanda, mientras que el abuelo creció en Brooklyn. La abuela era una católica devota que asistía a misa temprano todas las mañanas de la semana, mientras que el abuelo era judío (aunque nunca lo vi practicar su fe). La abuela llegó a los Estados Unidos en su adolescencia y se enamoró del abuelo, cuya familia no la aceptaría a causa de su fe católica. Sin embargo, esto no terminó su historia; se ajustaron y temporalmente cambiaron de lugar, a Atlantic City, donde se fugaron.

Mi padre era muy brillante, de voluntad fuerte y se enojaba fácilmente. Su aguda mente fue un gran activo en su carrera como banquero de inversiones en una firma de Wall Street, donde sirvió como socio bajo supervisión de mi abuelo. Papá estaba tan decidido a tener éxito como la abuela era a ser generosa.

Cuando tenía once años, mis padres se divorciaron. En 1961, el divorcio era una cosa rara. Solo tuve otro amigo en mi escuela primaria cuyos padres estaban divorciados. Mi hermana Leslie y yo a menudo nos encontramos atrapados en el medio de un acuerdo de divorcio altamente estructurado que fue diseñado por nuestro padre y a regañadientes aceptado por nuestra amorosa madre. Esto trajo la "injusticia" al frente y centro en mi vida por primera vez. Vacilé entre el amor por mi madre y padre y el resentimiento que sentí por el acuerdo injusto que mi padre impuso a nuestra familia. Durante esta etapa de mi vida, a menudo me refugiaba en la casa de la abuela y el abuelo en Great Neck, Nueva York.

En Great Neck había algunas cosas simples que proporcionaban un necesario sentido del orden diario. El día comenzaba con un abundante desayuno de fresco jugo de naranja exprimido a mano, huevos, tocino, café con mucha leche y azúcar y pan blanco simple con mantequilla y muy espolvoreado con azúcar blanca. Después del almuerzo y antes de mi siesta de la tarde, la abuela y yo nos arrodillábamos al lado de la cama para orar juntos. Cuando despertaba, casi siempre encontraba mis zapatos al lado de mi cama, recién limpiados y pulidos. Nunca he tenido zapatos tratados con tanto cuidado. Rezaríamos juntos nuevamente antes de acostarme cada noche.

La abuela tenía un maravilloso sentido del humor, le encantaba tocar el piano y cantar y tenía una personalidad cálida y extrovertida. Ella regularmente llevaría a Leslie, a mis cinco primos menores (entre las edades de uno y ocho años) y a mí para almorzar fuera. Los siete nos amontonaríamos en su gran Lincoln blanco con asientos de cuero rojo y conduciría a Howard Johnson's para el almuerzo y el helado. Nunca hubo ninguna discusión o pelea; nos divertíamos mucho juntos. Todos amamos a la abuela profundamente. Hasta el día de hoy, nunca he conocido a otra persona que realmente disfrute salir sola con seis niños pequeños a almorzar.

Con frecuencia recuerdo esta época que pasé con la abuela y el abuelo durante mis primeros años y me doy cuenta de lo especial que era. Sé que este tiempo con mis abuelos me proporcionó una quilla de por vida que ha estabilizado mi vida y mis valores en tiempos de prueba. La abuela no podría haber sido un mejor modelo con su perspectiva generalmente positiva y enfoque generoso de la vida. Yo no soy un santo, pero he hecho todo lo posible para honrar los valores de los que rara vez se hablaba en Great Neck, pero eran traídos a la vida en acciones cotidianas.

A los dieciséis años, mi padre me envió a la escuela New Hampton School en Nuevo Hampshire. Era un internado para varones en ese entonces, acurrucado en el pintoresco pueblo de Nuevo Hampton. Para bien o para mal, la escuela me brindó la primera oportunidad de extender mis alas sin familia. No había escondite para mí en la parte posterior del aula con tan solo diez niños en cada clase. Tenía miedo de ser avergonzado, así que trabajé duro e hice mis deberes. Mi arduo trabajo fue recompensado al ganar la codiciada Medalla de Meservey de la escuela: por estudio, deportes y espíritu. Me entregaron el premio durante la ceremonia de bachillerato el día antes de graduarme. Mi mamá y papá estaban allí, de pie a unos treinta metros de distancia, cada uno con su propio compañero. Todos estábamos llorando. Saboreé mi primera prueba de éxito y supe que trabajar duro tiene su recompensa. He tratado de llevar este conocimiento conmigo a lo largo de mi carrera en Green Mountain Coffee Roasters.

Cuando Bill Mares sugirió por primera vez que escribiéramos un libro sobre mis experiencias en Green Mountain y en el mundo del café, lo rechacé. Yo realmente no pensé que tenía mucho que ofrecer que otros no habían compartido ya. Pero Bill es un buen amigo y puede ser bastante convincente a veces. Entonces, ¿por qué accedí a escribir este libro? Como descubrirán, no he buscado la fortuna o la fama en mi carrera, sino que he tratado de luchar silenciosamente por los desvalidos. Trabajando en pro de la justicia social, he aprovechado cada oportunidad para ayudar a dar un sentido de equidad para aquellos con menos recursos, para llevar una voz a aquellos que no la tienen y para contribuir a una visión social que mi empleador adoptó decisivamente. Visión que, a su vez, elevó el estándar para las compañías en la industria del café. La influencia positiva que ha tenido en las familias productoras de café me ha traído una gran satisfacción.

Me di cuenta de que escribir este libro sería una oportunidad para alentar a otros en puestos de Gerencia Media a enfocar sus valores y talentos en ayudar a que otros avancen, ya sea en una ubicación remota dentro de su cadena de suministro o trabajando desde su cubículo. Basado en mis experiencias, sé que no tienes que ser un Director Ejecutivo para cambiar el rumbo de una empresa o influenciar una industria.

Este libro relaciona mi evolución personal con la mayor evolución llevada a cabo dentro de Green Mountain Coffee Roasters y la industria del café de especialidad en los últimos veinticinco años. Estoy agradecido por haber aprendido mucho de numerosas personas que he llegado a conocer durante estos años y que han contribuido a que la industria del café de especialidad sea más responsable, más sostenible, más justa y compasiva que cualquier otra industria que conozco. Conocerá a muchos de estos colaboradores clave en las próximas páginas.

Mi trabajo en Green Mountain comenzó como un trabajo y evolucionó en una carrera que se ha convertido en el trabajo de mi vida y cada día me proporciona más realización personal que lo que podría darme cualquier otra fortuna del tamaño que fuera. No he tenido el título de oficial corporativo; sin embargo, he sido elegido para formar parte de los consejos y presidencias de organizaciones sin fines de lucro con alcance e impacto global que han beneficiado a millones de pequeños agricultores de escasos recursos y sus comunidades.

A lo largo de mi carrera, a menudo me he encontrado entre el impulso por el éxito empresarial de mi padre y los valores y fe profundamente arraigados de mi abuela irlandesa. Ambos atributos me han sido útiles; sin embargo, cuando me he visto obligado a elegir uno sobre el otro, generalmente he optado en mi trabajo por un enfoque de valores, por encima de la ganancia monetaria o reconocimiento. He tratado de tomar decisiones basadas en lo que creí que era correcto y justo a largo plazo, no solo para mí y mi familia, pero para Green Mountain Coffee Roasters y los que suministran café de alta calidad a la compañía. Después de años de viajar y trabajar en comunidades de café aisladas, extremadamente pobres, lo más gratificante para mí ha sido la oportunidad de defender a los pequeños productores de café; utilizando mi voz para plantear en Vermont y más allá, los desafíos que los productores enfrentan al tratar de satisfacer las necesidades básicas de la vida.

¿Cómo se reflejó mi estilo y enfoque en mi trabajo diario? Durante la lectura, verá que he trabajado regular y persistentemente para comprometer suavemente a otros hacia discusiones y decisiones basadas en valores humanistas. A menudo como una fuerza silenciosa que pone un tema sobre la mesa para consideración, si el tema es la introducción de café orgánico (que tiene implicaciones ambientales positivas), café de comercio justo (que ayuda a los caficultores a pequeña escala a recibir un precio justo por su café), o la seguridad alimentaria (que es vital para la salud y el bienestar de los productores y sus familias)-. Temas que quizás tengan poca conexión directa con la línea de fondo de la compañía.

He impulsado estos y otros temas para alentar un sentido de justicia y equidad dentro de una empresa y una industria. Este libro es mi historia: una transmisión de cómo, desde un puesto en la gerencia media, mi propio crecimiento personal y evolución han contribuido en un pequeño grado a la evolución de una gran compañía e industria. Es una historia sobre cómo esta evolución se ha mantenido constantemente enraizada en los valores que desarrollé como niño bajo el ala de una madre amorosa, un padre exitoso y una abuela inspiradora. Es mi esperanza que otros en roles similares puedan inspirarse y aplicar sus propios valores para cambiar su lugar de trabajo y el mundo, mientras escriben su propia historia.

Introducción

En marzo de 2011, estaba en el norte de Nicaragua visitando algunos de los proyectos de seguridad alimentaria que Green Mountain Coffee había estado patrocinando. Era un área donde habíamos filmado la película After the Harvest (Después de la Cosecha), un documental sobre cómo la gente vive, trabaja y trata de sobrevivir durante meses de hambruna crónica estacional en las tierras de café.

Mientras conducíamos por las carreteras primitivas, pasamos por numerosas casas pequeñas hechas de tablones de madera desgastados con pisos de tierra y techos de zinc. Niños, perros, pollos y algunos caballos se encontraban al costado de la carretera. Siempre que podía, trataba de detenerme para saludar a personas que se habían hecho mis amigas. Estas relaciones hacen una gran diferencia para mí.

En el camino entre Tuma la Dalia y Agua Amarilla, le pedí a nuestro conductor que parara en la pequeña tienda de Justina Pau. Era un edificio cuadrado de 10 pies construido de tablones que apenas impedían la lluvia. Justina había sido entrevistada en After the Harvest. Ella solo tenía algunos artículos disponibles como soda, pequeñas bolsas de papas fritas, jabón, malanga -un vegetal de raíz que es común en la zona, cebollín y algunas bolsas de arroz. Cuando ella me vio, me saludó con una amplia sonrisa y extendió la mano sobre el mostrador de madera para sostener mis manos.

Ella había atravesado tiempos difíciles. Su esposo y su hija habían fallecido, dejándola sola en la crianza de sus cinco nietos. Su negocio sufrió durante "los meses flacos" de abastecimiento de alimentos (the thin months), ya que las familias productoras cercanas a su tienda, necesitaban cada Córdoba que tuvieran disponible para comida y tenían poco dinero para gastar en la tienda. Además de todo eso, había sido asaltada. Me dijo que dos hombres habían robado dinero y artículos de su tienda. Ella había temido por su vida, pero estaba determinada en la tarea de seguir adelante bajo las circunstancias. La tristeza y la ira se arremolinaron dentro de mí. ¿Por qué esos hombres robaron a alguien que ya tenían tantos desafíos, quien estaba haciendo todo lo que podía para ayudar a sus pequeños nietos a sobrevivir? Me tragué mis sentimientos, tomando como lección la determinación de Justina para mantenerse positiva, le pedí dos latas de cola, por las cuales pagué significativamente de más de forma deliberada. Le dije que era su "pago" por ser una estrella de cine. Se rió y me agradeció.

Después de salir de la tienda de Justina, me di cuenta de que había conocido docenas de personas como ella durante mi trabajo en las tierras cafetaleras: hombres y mujeres que tenían muy poco, solamente una determinación abundante para convertir limones en limonada. Su resolución es lo que me inspira a seguir trabajando para fortalecer y canalizar el resistente espíritu humano que cada uno encarna.

FOMENTANDO EL CAMBIO

Detrás del Grano de Café en Green Mountain
Coffee Roasters

RICK PEYSER 🫘 **BILL MARES**

CAPÍTULO UNO
Planteando Preguntas

LOS PRIMEROS DÍAS

He amado el café desde que tengo seis años de edad. Iba a la tienda A&P con mi madre y quedaba fascinado por el molinillo de café ubicado en el mostrador de salida. Esa máquina negra y roja me cautivaba. Miraba a mi Mamá colocar los granos dentro de las fauces del molinillo, acomodar una bolsa bajo la llave y ajustar el marcador plateado como si fuera un reloj. Ella encendería un interruptor negro grande y la magia iniciaría. El rugido del molinillo era superado pronto por el aroma de esos granos de café recién molidos saliendo a borbotones de la llave y llenando la bolsa.

El encanto por el café creció más fuerte a inicios de la década de 1960 cuando yo tenía quince años. Algunos amigos y yo tomaríamos el tren desde la suburbana Long Island hasta la Ciudad de Nueva York. Nos gustaba la sofisticación y el estilo urbano de Café Fígaro, ubicado en Greenwich Village. Era un lugar seductor, con gente jugando ajedrez, leyendo periódicos, conversando o discutiendo mientras el jazz y la música clásica llenaban el ambiente. El aroma de café estaba por todos lados –café siendo molido y café siendo elaborado. Café Fígaro incluso identificaba los cafés conforme los países de donde era originario. Nos sentíamos tan adultos, como Bohemios de la Rivera Izquierda en París.

Mi percolador de café en la universidad tenía fines prácticos solamente; mi mayor preparación de café en la Universidad Denison de Ohio era por la tarde para permanecer despierto para estudiar. El sabor y la calidad no importaban, pero sí la cafeína. Después de completar esas desveladas de toda la noche o medianoche, mis amigos y yo iríamos a tomar el desayuno a las dos o tres de la mañana, en un enorme paradero de camiones interestatal a 10 millas de distancia. Servían desayunos gigantescos e ilimitadas tazas de café provenientes de ollas institucionales que lucían como urnas gigantes. Los aromas de tocino, café y gases de diesel permean mis memorias universitarias.

Llegué a Vermont después de la Universidad por una razón: Jan. Empezamos a salir en la primavera de mi último año. Ella fue admitida en un programa de doctorado en psicología clínica en la Universidad de Vermont en Burlington y después de la graduación

1

ella se dirigió hacia allá. Ese otoño manejé al estado de Green Mountain para seguirla. Tenía cerca de $ 75 (setenta y cinco dólares) en mi bolsillo. Necesitaba un empleo y no era quisquilloso: sabía que, si lograba encontrar algo y poner mi pie en la puerta de entrada, luego podría trabajar para alcanzar algo mejor.

Mi primer trabajo era en el puesto más bajo de una empresa de camiones interestatal. Durante los siguientes cuatro años fui subiendo gradualmente la escala salarial y convertirme en el gerente de operaciones. No era mi llamado en la vida y no estaba muy feliz, pero era un empleo. Un día, vi un anuncio para un puesto en Garden Way – una compañía de ventas de productos por catálogo para ayudar a los granjeros y dueños de propiedades a que vivieran de sus tierras, producir y preservar sus propios alimentos. La compañía había iniciado durante el movimiento "hippie" de regreso a la tierra y justo alrededor de 1973 con el alza de los precios de petróleo de la OPEC (Organización de Países Exportadores de Petróleo –por sus siglas en inglés). Los costos del petróleo y la electricidad se dispararon y los originarios de Vermont iniciaron a calentar sus hogares con madera y a establecer huertos. Garden Way estaba en el inicio de la curva de un mercado creciente. Apliqué y me ofrecieron un puesto como gerente de cumplimiento de pedidos para el catálogo Country Kitchen. En poco tiempo, pasé a gerente del Centro de Vida Garden Way en el sur de Burlington, una de sus pocas tiendas minoristas que estaban distribuidas en todo el país.

La compañía tenía un compromiso y responsabilidad corporativa con la pequeña ciudad de Charlotte, Vermont. Apoyaba esfuerzos comunitarios locales con pequeñas donaciones y cuidaba bien a sus empleados con un paquete de beneficios que estaba muy adelantado a su tiempo. Era mi primera experiencia con una compañía que realmente se preocupaba por sus empleados y que pensaba en lo que ellos podrían necesitar, en lugar de ofrecerles meramente los beneficios estándar.

En 1981, un golpe interno de la compañía hizo que expulsaran a uno de sus fundadores, Lyman Wood. Todo el enfoque del negocio cambió pronto. La compañía se deshizo del 80 por ciento de su mezcla de productos y se enfocó en equipos de energía para exteriores y cocinas de leña. Debido a estos cambios, tuve que dejar ir a dos tercios de los empleados de la tienda. Sobreviví la crisis corporativa, pero dejó un sabor amargo en mi boca. Empecé a viajar mucho para abrir nuevas tiendas para la compañía, lo que dejaba a mi joven familia sola en casa toda la semana. En 1987, después de nueve años en Garden Way, inicié la búsqueda de empleo.

UN TRABAJO EN GREEN MOUNTAIN COFFEE ROASTERS

Uno de los primeros anuncios interesantes que ví era para director de mercadeo y pedidos por correo en Green Mountain Coffee Roasters. Ya conocía su café. Atraído por el aroma y sabor de muchos cafés que ellos tostaban y mezclaban en el lugar, ya me había hecho el hábito de visitar la tienda de Green Mountain en el centro comercial local. Los aromas y sonidos me recordaban las horas que pasaba en el Café Fígaro cuando era un adolescente.

También sabía algo sobre Green Mountain Coffee Roasters profesionalmente ya que uno o dos años antes, un hombre de mediana edad de esta compañía llegó a hacerme una entrevista sobre el tema de operaciones en Garden Way. Green Mountain estaba planeando abrir algunas tiendas de venta al por menor. Él tenía una larga lista de preguntas sobre nuestras prácticas de contratación, remuneración y entrenamiento. Yo estaba impresionado por el tipo de cosas que Green Mountain ya hacía para sus empleados. Indagué con algunos amigos para sondear qué tipo de reputación tenía la compañía. Era universalmente positiva.

Era mucho más fácil trabajar para una compañía que proveía algo en lo cual yo creía. ¿Pero, dirigiendo una división de pedidos por correo? ¿Podía asumir eso? Hice un inventario de mis habilidades y me di cuenta de que sabía algo sobre este canal de ventas. Los pedidos por correo era el corazón del negocio de Garden Way, el aire que todos respirábamos. Aunque nunca había sido el responsable de crear las piezas individuales de mercadeo de pedidos por correo, yo comprendía el enfoque y proceso de ventas. ¿Que podría perder? Envié una carta de presentación y mi currículum.

Como dos semanas después, recibí una llamada en mi casa de Bob Stiller, el fundador de Green Mountain. Conversamos por unos diez minutos. Luego el me pidió que llegara a Waterbury para hablar con él. Me recibió en su modesta oficina. Su escritorio estaba tan limpio como un alfiler. Me recibió calurosamente. Él era tan solo cinco años mayor que yo, tenía cabello blanco como la nieve y estaba bien bronceado.

Después de unas cuantas preguntas amables sobre mi trabajo en Garden Way, empezó a hablar entusiasmadamente sobre Green Mountain, sus prospectos y en qué dirección quería él que creciera. Quería que la compañía fuera un líder en el creciente segmento de mercado de cafés de especialidad. Como en una fase evolutiva similar a la del vino, la cerveza y los mercados de queso, el café de especialidad se enfoca en la alta calidad y los orígenes geográficos. El mercado está construido sobre el café arábica de más fino sabor (y más caro), en contraste con el café robusta, variedad altamente difundida y toscamente labrada. Al concentrarse en cafés de especialidad, Bob pensó que Green Moutain podría establecer una identidad separada dentro de toda la industria del café en general. La compañía ya había experimentado buen crecimiento. Ahora Bob quería enfocar ese crecimiento y ponerlo en marcha.

Bob me dijo orgullosamente que The Pyramid Companies, uno de los grandes desarrolladores privados de centros comerciales, le había pedido recientemente abrir una tienda en su nuevo centro comercial Plattsburgh, al norte del estado de Nueva York. Bob quería que la tienda tostara el café in situ y ser un escaparate de la calidad por la cual Green Mountain Coffee Roasters se destacaba: esto era solo el principio.

Él me facilitó también una copia del nuevo catálogo para pedidos por correo. Dijo que planeaba dirigir un anuncio en el Wall Street Journal en las próximas semanas para aumentar los pedidos. Él realmente quería que el buen café estuviera disponible en cualquier parte donde hubiera amantes de café y los pedidos por correo eran un excelente medio para cumplir este deseo. Bob parecía tener un profundo entendimiento sobre todo lo que estaba sucediendo, desde el muelle de carga hasta la publicidad. Él también era realista y sabía que tomaría mucho trabajo arrancar de cero la división de pedidos por correo. Me sentí arrastrado como un surfista atrapando una ola. Me gustaba la idea de unirme a una compañía en crecimiento y estaba confiado en mí habilidad. Después de cerca de una hora, Bob me agradeció y me dijo que se pondría en contacto dentro de dos semanas. Salí esperanzado.

Después de considerable reflexión y conversación con Jan, decidió que, si recibía una oferta, tomaría el trabajo. Mi única preocupación era qué pasaría si la compañía era vendida y dejaba ir a la mitad de sus empleados. Fui despedido brevemente en Garden Way.

Había hecho también el trabajo sucio de despedir a otros y no me gustaba el sentimiento de vacío y malestar por dentro.

Un par de semanas después, Bob me llamó nuevamente y me solicitó una segunda entrevista. Luego de saludarme, inmediatamente me ofreció el trabajo. Yo estaba complacido y emocionado, pero tenía presente en mi mente mis reflexiones y le pregunté si tenía alguna intención de vender la compañía. Dijo no de forma enfática. "Entonces acepto", respondí yo. "Si alguna vez considera vender parte de la compañía a los empleados, estaré interesado en poseer ´una pequeña parte de la piedra´ donde trabajo. Él dijo que recordaría eso. Tres años después, tuve esa oportunidad.

Ese fin de semana, manejé para visitar a mi padre y contarle que había aceptado la oferta de trabajo de Green Mountain. Orgullosamente, le di un ejemplar del pequeño catálogo para pedidos por correo de la compañía. Él estaba escéptico para decir lo menos. "¿Realmente crees que la gente va a pagar seis dólares y noventa y nueve centavos por una libra de este café, cuando pueden comprar un tarro de tres libras de Chase and Sanborn por menos de dos dólares?" Traté de explicarle que el café de Green Mountain era de "especialidad", cafés gourmets con un sabor muy diferente a las mezclas comerciales. El solamente sacudió su cabeza. "Café es café, azúcar es azúcar, sal es sal", dijo. Le tomó casi quince años convertirse en un creyente, no solo en el concepto de café de especialidad, pero también en Green Mountain como compañía. Supe que ese día había llegado cuando empecé a ver Green Mountain en su cocina.

El lunes 19 de octubre de 1987, inicié mi carrera en Green Mountain. Este no era cualquier lunes normal, era "Lunes Negro" – el día que la Bolsa de Nueva York tuvo su más grande caída en la historia. Mientras la Bolsa se estrellaba y quemaba ese lunes, mi primera tarea fue apagar un fuego de un cliente. Bob había tomado una llamada de un cliente de pedidos por correo que estaba apoplético por el sabor de nuestro café. Bob me llamó, me contó la historia y me dio el número de teléfono del hombre. "Toma, tú manéjalo", me dijo.

Fui a la sala de reuniones, cerré la puerta y llamé al cliente. Él estaba furioso. Gritó tanto que pensé que derretiría el teléfono en mi oído. Lo dejé despotricar. Después de unos cuantos minutos, se tranquilizó lo suficiente como para explicar lo que había pasado. Había comprado algo de nuestro café y lo había preparado para amigos que habían llegado a su casa para mirar partidos de fútbol americano en la televisión. Cuando lo sirvió, era tan fuerte que "su cuchara podía quedar erguida en la taza". Sus amigos se negaron a tomarlo y él estaba avergonzado profundamente. Ahora, ¿qué íbamos a hacer al respecto?

De la manera más atenta posible, le consulté cómo había preparado el lote ofensivo. Ya que quería suficiente para doce tazas, había servido media bolsa dentro de la olla. "Wow", dije involuntariamente, "eso es media libra! La cuchara debió quedar erguida", dije. Le sugerí que usara menos café, bastante menos, quizás siguiendo las instrucciones escritas a un costado de la bolsa. Por casi 10 segundos hubo silencio, luego un clic. Quizás estaba muy avergonzado para decir algo. Siempre me pregunto si mantuvimos a ese cliente o no. Tal vez, si tuvimos suerte, cambió sus hábitos para preparar café.

MI PRIMER AÑO: APRENDIENDO LO BÁSICO

Cuando inicié, Green Mountain Coffee Roasters tenía tres tiendas de ventas minoristas. Dos estaban en Vermont, ubicadas en Waitsfield y otra en Winooski y una tercera tienda estaba en Portland, Maine. Había cerca de diez empleados por tienda y otros treinta o menos empleados en Waterbury que trabajaban en las áreas de oficina, servicios, ventas, planta y entrega. El cliente más grande de la compañía era Kings Super Markets, quien tenía quince tiendas a las cuales entregábamos pedidos cada semana con nuestro único camión. Poco después que empecé a trabajar, supe que nuestras ganancias el año previo habían sido cerca de $ 6 millones de dólares.

Pasé la mayor parte de ese primer año alineando las tuercas y tornillos de pedidos por correo y cumplimiento. Al inicio, teníamos una base de datos de 2,000 nombres. Con un retorno razonable del 3 por ciento, esto generaba sesenta órdenes, lo cual no era suficiente para cubrir los costos de los envíos por correo. Necesitaba más nombres, así que empecé a trabajar con nuestras tiendas minoristas. ¿Hice pequeñas almohadillas que preguntaban, "le gustaría estar en nuestra lista de distribución por correo?" Di a hacer buzones para ubicarlos en las tiendas y coleccionar los nombres, para luego seleccionarlos conforme su código postal. Este trabajo continuó por casi dos años.

Luego desarrollé un formato de hoja informativa para correos a los clientes ubicados en áreas cercanas a nuestras tiendas y así no solo llevar gente hacia ellas si no también estimular los pedidos por correo. La hoja informativa trimestral siempre incluía una nueva presentación de café, una receta de café, consejos de preparación y ofertas. Siempre tenía un pequeño "premio" para aumentar las respuestas –como una trufa de Lake Champlain Chocolates, si llevaban el cupón de envío por correo a la tienda. Durante este tiempo, ayudé a introducir cajas de regalo para días festivos, que incluían una selección de bolsas de media libra de diferentes cafés. El programa se había iniciado con órdenes de envío por correo, pero cuando lo intentamos en la tienda minorista, se fue como polvo. Durante su primera temporada festiva, la tienda de Winooski generó más ventas por las cajas de regalo que lo que la tienda generaba en promedio en el mes por sus ventas totales.

Empecé a conocer a la gente en las tiendas y gravitaba hacia ayudarles a desarrollar promociones para incrementar el negocio. Pronto era difícil para mí manejar el trabajo que se necesitaba en las tiendas minoristas y los pedidos por correo, así que mi rol cambió a director de mercadeo y ventas para las tiendas minoristas. Bob contrató a Tom Mcguire, quien había estado previamente involucrado en mercadeo de la lotería del estado de Vermont, para manejar nuestro negocio creciente de pedidos por correo.

Estaba disfrutando el desafío de resolver acertijos de mercadeo de venta minorista y me gustaba la gente con la que trabajaba, pero estaba solamente vendiendo un producto –un producto que también pudo haber sido relojes de pulsera o cinta adhesiva. No tenía idea sobre quien cultivaba el café que estábamos tomando y celebrando; estaba completamente desconectado de los agricultores que producían el café y eso me preocupaba.

LA LLEGADA DE COFFEE KIDS

Entonces Bill Fishbein entró por la puerta. No había música o pompa para anunciarlo. Solamente Dan Cox, el vicepresidente de ventas, asomando su cabeza en la puerta una tarde e invitándome a conocer a Bill Fishbein y aprender sobre una organización llamada Coffee Kids.

Dan era el empleado más visible de Green Mountain cuando se trataba de participar en la pequeña pero creciente industria de café de especialidad. La personalidad amistosa y extrovertida de Dan lo dejaban totalmente a gusto al hablar con cualquier individuo o en frente de cientos de personas y rápidamente se volvió un líder temprano en iniciativas de la industria. Mientras Bob Stiller, quien era una persona relativamente reservada en esa época, trabajaba literalmente desde el amanecer hasta tarde en la noche cada día y fines de semana, planeando y manejando el crecimiento de una joven compañía. Bob estaba enfocado en lo interno mientras Dan era el rostro público de la compañía en los ochentas e inicios de los noventas. Dan ayudó a fundar la Asociación de Cafés Especiales de América (SCAA por sus siglas en inglés) y fue uno de los primeros presidentes de la organización. Conoció a Bill Fishbein en una reunión de SCAA y se convirtió pronto en un fanático. Dan llegó a mi oficina para decir que Bill estaba aquí para hablar sobre su organización, no sabía quién era Bill o de qué se trataba Coffee Kids, pero sabía que Dan no perdía el tiempo en frivolidades. Así que fui a la reunión.

Nos reunimos en una pequeña sala de reuniones afuera de la oficina de Bob. Bill era un hombre bajo, compacto, vestido con una chaqueta de cuero. Por un número de años él y su hermano Charlie habían dirigido una tostadora y café familiar llamada The Coffee Exchange, ubicada en Providence, Rhode Island. Él nos presentó a Dean Cycon, uno de los fundadores de Coffee Kids. Ambos usaban barba y lucían un poco desaliñados. Bill estaba regresando de un viaje a Guatemala. Una vez que empezó a hablar, me olvidé de su apariencia.

"Antes de ir a Guatemala, pensaba que el café venía de la parte trasera de un camión", dijo. "En ese primer viaje conocí a gente extraordinaria cuyas vidas están profundamente arraigadas en el café. Su generosidad y alegría por la vida era únicamente superada por la pobreza que era evidente dondequiera que se cultivaba café. Regresé a los Estados Unidos decidido a dar algo en retorno a estos agricultores en dificultades, quienes producen el precioso café que ampliamente provee para mi familia y yo. Ese mismo año, con mi amigo de la infancia David Abedon y Dean aquí con nosotros, fundé Coffee Kids – una organización internacional sin fines de lucro para ayudar a las familias productoras de café a mejorar la calidad de sus vidas. Coffee Kids ayuda a los productores en sus esfuerzos para crear alternativas a depender totalmente del café como su única fuente de ingresos y de esta manera, liberarles de su debilitante enlace con la pobreza."

Esta era una revelación para mí. Tenía una vida cómoda. Los productores que cultivaban nuestro café eran pobres. ¿Tan pobres? Bill dijo que no podías hablar sobre calidad de café sin hablar de la calidad de vida de los agricultores que lo producen. Él estaba conectando los puntos, pero la imagen que él estaba dibujando no era bonita y yo estaba conmocionado. ¿Cómo podía ser posible que los productores fueran tan pobres?, si el café era una industria de mil millones de dólares al año!

Bill era un apasionado en dejar que las ideas sobre cómo se debía utilizar la ayuda surgieran de las personas, no de los donantes gringos. Eso significaba que inevitablemente Coffee Kids crecería lentamente, ya que se basaba en las propias necesidades de los agricultores. Habían comenzado con patrocinios de niños, como un programa de padres adoptivos. Luego, los agricultores comenzaron a pedir formas de complementar sus ingresos con bancos comunales y microcréditos. Eso implicaba enseñarles a ahorrar. Luego pidieron becas estudiantiles. Para financiar esto, Bill aportó parte de su propio dinero y luego instaló alcancías en su propia tienda y en otras. (Casualmente, una de esas otras tiendas era la tienda minorista de Green Mountain en Portland, Maine, donde el personal había adoptado a Coffee Kids como una organización a la que querían apoyar. Pusieron un tablero de anuncios cerca del mostrador con fotos y cartas de "su" Coffee Kids para que los clientes pudieran conectarse con las personas en las regiones donde se cultivaba el café. Lo vi como un excelente modelo para vincular a los productores de café y clientes, un vínculo que tomaría muchas otras formas a lo largo de los años.)

Finalmente, Bill pasó hacia su argumento para obtener dinero. Le pidió a Green Mountain que aportara a Coffee Kids $ 3,000 para ayudar a iniciar un banco comunal para préstamos de microcrédito. Dan sugirió $ 1,000 por año durante tres años y Bill dijo: "¡Hecho!" Todos esperábamos que esto fuera solo el comienzo de una relación a largo plazo entre Coffee Kids y Green Mountain Coffee Roasters que beneficiaría a muchas familias productoras de café.

Como parte de mis nuevas funciones como gerente de mercadeo y comercialización para tiendas minoristas, tuve que viajar a los puntos minoristas con regularidad. Decidí contarles sobre Coffee Kids y lo que había hecho la tienda de Portland y sugerirles que probaran algo similar. Lo hicieron, cada uno a su manera. Estaba matando a dos pájaros de un tiro ayudando a los niños en las comunidades cafeteras y ayudando a Green Mountain a hacer lo correcto mientras atraía a sus clientes. Y los programas de Coffee Kids tomaron impulso. En los siguientes seis meses, se hizo evidente que los clientes apreciaban la oportunidad de saber más acerca de su café: de dónde venía, quién lo cultivaba y demás. Pero eso significaba más mantenimiento. Las tiendas se estaban quedando sin folletos de Coffee Kids. Las alcancías comenzaron a generar sumar reales de dinero, con un promedio de $ 100 por mes en cada tienda. Alguien tenía que recoger el dinero y llevarlo a Coffee Kids. Como había promovido la idea, asumí estas responsabilidades.

Con el fin de ayudar a los clientes a entender de dónde venían sus cafés, compramos banderas de tres por cinco pies de cada uno de los veinte países donde comprábamos café y los colgábamos de los techos de treinta pies en la tienda Winooski. Era nuestra propia pequeña Plaza de las Naciones Unidas, con banderas de México, Perú, Honduras, El Salvador, Guatemala, etc. Sugerimos que las otras tiendas intentaran lo mismo en una escala menor. Teníamos cajas hechas con banderas de países y folletos para ayudar a las personas a identificar los orígenes de cada "Café del mes", con un servidor térmico y vasos de muestra junto al dispensador para que los clientes pudieran probar. Los clientes respondieron; les gustaba estar conectados con el mundo involucrado en la producción de su taza de café. Hicimos algo similar en las ventas por correo al incluir información educativa sobre los cafés presentados. En el camino, Bill y Dan me pidieron que me uniera a la Junta asesora de Coffee Kids. No me di cuenta en ese momento, pero este fue el comienzo para mí de las cruzadas del café.

GREEN MOUNTAIN SE VUELVE MÁS VERDE

Bob Stiller siempre me ha impresionado con su compromiso con el medio ambiente. Pienso que, al venir de la industria del papel, él empezó desarrollando un filtro para café blanqueado con oxígeno para eliminar el uso de cloro elemental en el proceso de manufactura. Esto, en cambio, removía dioxinas como un subproducto del proceso. (Las dioxinas son peligrosas para la salud y la biodiversidad de las fuentes de agua). Era el primer filtro de ese tipo en la industria. Eso nos dio una oportunidad para hacer algo bueno para el medio ambiente y para nuestra reputación, todo mientras se mejoraba la rentabilidad.

Durante el mismo periodo, varios empleados formaron un comité medio ambiental, al cual yo me uní. Cuando se trataba de hacer cambios a nuestra planta física, el comité se enfocaba en los acostumbrados objetivos básicos de menor esfuerzo -incluyendo separar reciclables de la basura, animando el uso de bombillos de energía eficientes, apagar las luces cuando no estaban en uso, etc. Bob vio que cortar costos energéticos era rentable y responsable ambientalmente. La fusión entre responsabilidad ambiental y rentabilidad se convirtió en un sello de la práctica y crecimiento de Green Mountain.

Lo que dio un impulso a nuestros esfuerzos medio ambientales fue cuando Ben Cohen de Ben & Jerry' Homemade Ice Cream (helados Ben & Jerry's) le pidió a Green Mountain unirse en el patrocinio de un concierto de Paul Winter Consort en la ciudad de Nueva York, junto a Ben y Jerry's, The Body Shop y otros negocios progresistas. A través de los años, Paul Winter había desarrollado un número de trabajos enfocados en el medio ambiente (salvar lobos, ballenas), así que patrocinar su concierto fue una forma lógica de recaudar fondos para salvar las selvas tropicales del mundo y reforzar nuestro perfil ecológico.

Comparado con Ben & Jerry's, éramos una empresa pequeña. Tenían una reputación mundial y su planta, a tan solo tres millas de la carretera de Green Mountain, era el destino turístico más popular de todo Vermont. No éramos muy conocidos fuera de Nueva Inglaterra en ese momento. Sería una oportunidad increíble de relaciones públicas compartir el centro de atención con un gigante así. Para aprovechar al máximo la ocasión, presentamos Rainforest Nut Coffee justo antes del concierto. El diez por ciento de las ganancias de la venta de este café se distribuyeron por igual a Rainforest Alliance y Conservation International. Este café se convirtió rápidamente en uno de nuestros productos más vendidos y comencé a darme cuenta de lo hambrientos que estaban los consumidores por hacer lo correcto a través de sus compras.

EL LADO MÁS OSCURO DE LA INDUSTRIA DEL CAFÉ

En 1990, Dan me pidió que lo ayudara a trabajar en el stand del Filtro Amigable con el Medio Ambiente de Green Mountain en la feria Gourmet Products en San Francisco. Después de tres días de feria, cruzamos la Bahía de San Francisco hasta Berkeley, donde asistí a mi primera reunión de la Asociación de Cafés Especiales de América. Era realmente pequeño, con tal vez 300 personas representando una variedad de empresas: una vigésima parte del tamaño que llegaría a ser en el año 2000. Los treinta expositores eran una colección de pequeños tostadores, distribuidores de equipos, tiendas minoristas y una organización sin fines de lucro: Coffee Kids. Starbucks ni siquiera estaba allí. Esta fue mi primera vez en una reunión de la industria, mi primera oportunidad de pensar sobre toda la industria, en lugar de exclusivamente el papel de mi propia pequeña empresa.

Estaba empezando a darme cuenta del impacto global del café. En 1990, el café era uno de los productos básicos más comercializados en el mundo. Más de 100 millones de personas, el sustento de los productores de café y sus familias, dependían por completo del precio a menudo salvajemente fluctuante del café. El alcance económico del café era aún mayor cuando se consideraron los involucrados en el procesamiento, transporte, exportación, importación, tostado, venta al por menor y café al por mayor, sin mencionar a las personas involucradas en la fabricación de tostadores, jarabes, bolsas, filtros, etc. El desarrollo en la industria en este punto se dio por la determinación de un grupo pequeño pero vocal de personas, como Bill Fishbein, quienes mostraron a los consumidores de café la verdad detrás de las imágenes de los caficultores sonrientes con sus familias: condiciones de vida increíblemente desafiantes.

En un momento durante la sesión de apertura de la conferencia de SCAA, hubo un alboroto de gente gritándose en el pasillo. Salí y encontré a un grupo de activistas de una organización llamada Neighbor to Neighbor (Vecino a Vecino), que protestaba en contra del apoyo estadounidense al gobierno conservador en El Salvador. Iban en contra de Folgers Coffee específicamente debido a sus compras de café salvadoreño, cuyo precio afirmaron que fue directa o indirectamente para apoyar a los escuadrones de la muerte en ese país. Neighbor to Neighbor vino a instar a las compañías de café de especialidad a boicotear el café salvadoreño. En particular, querían que la SCAA les permitiera mostrar una película corta que habían desarrollado para transmitirla por televisión. Neighbor to Neighbor recibió una pequeña sala donde mostraron la película a los miembros que estaban interesados en verla. Entré en la habitación y vi el perturbador informativo de treinta segundos. Mostraba una lata de Folgers sobre una mesa mientras se describía la situación en El Salvador. Cuando el infomercial llegó a su fin, una mano volteó la lata boca abajo y la sangre salió de la parte superior de la lata. Fue muy poderoso.

Esta demostración en persona reunió de repente dos partes de mi vida. Durante los tres años anteriores, había sido miembro de Pax Christi, la organización nacional de paz católica. A través de Pax Christi, me di cuenta de lo que estaba pasando en Guatemala y Nicaragua (guerras civiles) y El Salvador (el asesinato del obispo Oscar Romero). En cada uno de estos países, había grandes disparidades en la riqueza entre la pequeña élite próspera y el gran número de campesinos pobres. En cada uno de esos países, el cultivo dominante era el café. Como empresa e industria, estábamos apoyando indirectamente esta desigualdad. Aquí en un hotel ruinoso de Berkeley que fue la sede de la conferencia SCAA, los temas de justicia social, equidad económica y opresión política se unieron en una lata de sangre figurativa. Neighbor to Neighbor vino a nosotros exigiendo atención y acción. Esta no era una miseria lejana que involucrara tabaco en Turquía, o aceite de palma en Indonesia; esto era la desigualdad en la industria de nuestro sustento.

Cuando regresamos de la SCAA, Dan le contó a Bob sobre la protesta del café salvadoreño. Luego Bob le pidió a Dan que se pusiera en contacto con el senador de Vermont, Patrick Leahy y solicitara más información. No estábamos comprando café salvadoreño en ese momento y el senador Leahy recomendó que continuáramos con esta exclusión hasta que las cosas se calmaron en El Salvador. Aunque no estábamos comprando café salvadoreño, la película me sensibilizó sobre los desafíos políticos represivos a los que se enfrentaban los caficultores en medio de la pobreza extrema y los precios del café salvajemente fluctuantes. La película difícilmente llegaría a transmitirse en la televisión. La mayoría de las estaciones temían que, si publicaban el terrífico infomercial, perderían ingresos publicitarios de otros productos de la empresa Procter & Gamble, que es la productora de la marca Folgers Coffee.

MI PRIMER VIAJE DE GREEN MOUNTAIN AL EXTRANJERO

En los años siguientes, Green Mountain Coffee Roasters comenzó a abrir más tiendas nuevas. A pesar de las conexiones con Coffee Kids, sentí que se necesitaba más para salvar el abismo entre agricultores y consumidores. En 1992, Green Mountain comenzó una práctica que continúa hasta nuestros días: excursiones anuales de empleados a las regiones productoras de café. Ese año viajé con otros diez empleados en el primer viaje a "origen" en Costa Rica para conocer dónde se cultivaba café de buena calidad y cómo se procesaba.

Nuestra base de operaciones fue una pintoresca finca llamada La Minita en la región de Tarrazú, a 90 millas de San José, y 4500 pies sobre el río Tarrazú. La Minita había sido fundada veinticinco años antes por la familia McAlpin. La hacienda tenía una gran vista, mirando hacia abajo un valle intercalado entre montañas escarpadas por cincuenta millas. La Minita era el regazo de lujo y tenía la sensación de ser un destino turístico. Tuvimos comidas maravillosas en la terraza. Justo debajo de la casa había una piscina en forma de riñón, rodeada de plantas de café bien cuidadas. Había buenas viviendas para los trabajadores, así como una escuela y un dispensario. Después de pasar tres días en la finca aprendiendo sobre el proceso del café, visitamos otras partes de Costa Rica para ver el bosque nuboso de Monteverde y las playas. Fuimos a una finca de mariposas, vimos a los monos capuchinos blancos jugar en las copas de los árboles y descender para suplicarnos por comida y vimos grandes iguanas bajar de la jungla hacia la playa.

En el medio del viaje, algunos miembros del grupo fueron a visitar una finca de café orgánico. A su regreso, estas personas dijeron que el café no era saludable, que no había visitas regulares de certificación y que lo orgánico no parecía un modelo sostenible desde el punto de vista ambiental o financiero. Bill McAlpin, propietario de LaMinita, no creía en la producción de café orgánico. Él dijo que tendrías que poner estiércol de gallina hasta las rodillas alrededor de las plantas de café para darles suficientes nutrientes para dar fruto. No sabía lo suficiente como para comentar de una forma u otra, pero el concepto de café orgánico me intrigó. ¿Qué pasa si el café se puede cultivar de manera ambientalmente sostenible?

Regresé de este primer viaje de "origen" a Costa Rica con emociones encontradas. Si hubiera querido unas vacaciones, este viaje había sido eso: relajante, un paisaje hermoso, aire puro, vida animal, playas, etc. Pero esa no había sido mi razón para ir. Quería ver todo el proceso del café y todo lo que vi fue tan ordenado y organizado, como si una familia hubiera vestido a sus hijos en su mejor traje dominical. ¿Estaba Costa Rica desprovista de la pobreza que vi en el material de Coffee Kids del que hablamos en la Junta Asesora de Coffee Kids? ¿Era Costa Rica un país tan rico? Yo había visto dos extremos; ¿Cuál era la realidad? Me guardé estas preocupaciones para mí, pero me carcomían por dentro.

Comencé a pensar cómo podríamos llegar a conocer realmente a nuestros socios en el otro extremo de la cadena de suministro. Hay muchas personas en la industria del café que simplemente trabajan de una compra a otra. Llaman al agente y le dicen: "¡Envíenos tres contenedores más de Guatemalteco Antigua!", Luego cuelgan el teléfono y vuelven a otra orden. O incluso si van al país, a menudo tratan con intermediarios, tal vez permanezcan en Managua o San José o en la ciudad de Guatemala, pero nunca llegan al campo ni a las fincas. O toman muestras de café a miles de kilómetros de distancia y toman una decisión con el pulgar hacia arriba o el pulgar hacia abajo, como un emperador romano, completamente divorciado de las vidas de las personas que lo producen.

No quería hacerlo así. Quería cerrar esa distancia entre el consumidor y el productor, no mantenerla a distancia. Quería saber la realidad de la vida de los caficultores y saber lo que necesitaban. Al igual que Bill Fishbein, me pregunté qué podría hacer para marcar la diferencia. Encontré una respuesta simple: podría hacer más en mi compañía. Podría ayudar a promover el cambio dentro de Green

Mountain y, por lo tanto, en la industria en general. Aunque no estaba claro cómo iba a hacer todo eso.

El primer paso fue significativo. Los participantes en el primer viaje de "origen" crearon un programa que finalmente desarrolló una línea de cafés que proclamaba un respeto holístico por el medio ambiente y por los trabajadores. Le llamamos, nuestro programa de Custodia de Café. Con la ayuda de algunos productores, desarrollamos una lista de verificación de la finca para calificar tanto la calidad ambiental de las fincas como la calidad de vida de los agricultores. La lista contenía dos columnas, trabajadores y entorno, que fueron ponderados de manera uniforme. Para los trabajadores, enumeramos el acceso a agua potable, acceso a atención médica, acceso a un buen refugio, educación para niños trabajadores, etc. En la columna de medioambiente enumeramos el uso de árboles de sombra para el café, uso limitado (si corresponde) de productos agroquímicos, presencia de aves migratorias, uso limitado de agua durante el beneficiado húmedo, uso de pulpa de café y otra materia orgánica en la producción y uso de compost. Este fue uno de los primeros programas en la industria en ampliar la definición de calidad del café y vincular la calidad de vida con la calidad en la taza. Como el primer paso que da un niño pequeño, no era perfecto, un poco tambaleante, pero parecía ser un paso en la dirección correcta.

CAPÍTULO DOS

Manos a la obra

A medida que continuaba avanzando en Green Mountain, ahora como Director de Comercialización y Marketing para Minoristas, las imágenes y el "rostro del café" que Bill Fishbein de Coffee Kids había proporcionado me persiguieron y me inspiraron a hacer más. Trabajé mucho para lograr que los clientes se preocuparan y comprendieran de dónde provenían nuestros cafés. Sabía que cuanto más educamos al consumidor sobre cómo se cultivan los cafés, más se invierte en la calidad de vida de los agricultores que lo producen. También era importante que los consumidores entendieran el impacto que las condiciones de crecimiento tenían en los diferentes perfiles de tazas o gustos. En lo que se refiere a educar al consumidor, parecía ser un escenario único donde hacer lo correcto también podría beneficiarnos financieramente.

Además de captar clientes, ahora era responsable de desarrollar programas para vender más café y sus productos relacionados en nuestras tiendas. Entre 1988 y 1995, Green Mountain abrió nueve tiendas minoristas, principalmente en el noreste, con una en el medio oeste en Naperville, Illinois. De las nueve aperturas de tiendas minoristas, estuve directamente involucrado con seis. Bob se sintió atraído por la idea de tener una cadena de tiendas minoristas de café de alta calidad para respaldar las ventas al por mayor. Él creía que tener una presencia minorista en mercados clave nos permitiría hacer crecer nuestro negocio mayorista de manera más efectiva, además los clientes realmente apreciarían la frescura del café y el enfoque directo y difundirían el mensaje.

Ayudé a seleccionar los productos para colocar en los estantes y fui responsable de desarrollar e implementar planes de marketing para grandes inauguraciones y promociones de ventas de temporada para todas nuestras tiendas. Esto implicó colocar publicidad en diarios y periódicos semanales, realizar entrevistas de radio remotas, trabajar con políticos locales y ayudar a los gerentes recién contratados a realizar los eventos de gran apertura. En cada lugar nos enfocábamos en aquello que distinguía a la ciudad. Una forma efectiva fue apoyar a una organización local sin fines de lucro. En Portsmouth, Nuevo

Hampshire, por ejemplo, fue el estante de comida local. Prometimos que, si un cliente traía un artículo no perecedero durante nuestra inauguración, le daríamos una taza de viaje de Green Mountain gratis llena de café caliente.

Pusimos mucho dinero en las tiendas; Bob quería que fueran de primera clase. En ocho de nuestras doce tiendas, teníamos tostadores para brindar a los clientes la mejor experiencia de café. Este era un gasto adicional significativo en tiempo y habilidad técnica. También teníamos máquinas para moler los granos recién tostados. Desafortunadamente, incluso cuando enfatizamos tostar en el sitio, muchos clientes continuaron confundiendo las máquinas de moler y el tostador y sus propósitos. ¡Apretaría los dientes y me recordaría que la educación a veces lleva mucho tiempo!

También escribí o supervisé el desarrollo de todo el texto publicitario, desde boletines hasta los dípticos de mesa y folletos para las tiendas. No teníamos un departamento de gráficos en ese momento, por lo que tuve que hacer todo desde preparar el contenido del boletín de noticias, su diseño, imprimirlo y enviarlo por correo. También tuve que presentar proyecciones de ventas para las tiendas con nuestro director minorista, así como trabajar con el equipo de compras para decidir qué productos colocar en las tiendas. Muchas de estas actividades eran nuevas para mí, así que tuve que enseñarme a mí mismo.

Tuvimos nuestros momentos extravagantes. Dan Cox pensó que sería inteligente tener nuestra propia mascota para ayudar con el marketing. Entonces, tuvimos un disfraz gigante ovalado que representaba un grano de café hecho de un material marrón parecido a una alfombra y alambre de gallina (para mantener su forma); tenía alrededor de tres pies de diámetro. La única forma de identificarlo como un grano de café era a través de nombres intercambiables que colocamos en el exterior, como "Kona" o "Mocha Java". Llevamos el disfraz a varios eventos, como la Waitron Race en el parque City Hall de Burlington. Fui elegido para usarlo. Cada participante tenía una bandeja sobre la cual hacíamos equilibrio con una botella de agua de un litro. Debíamos llevar esta bandeja por el parque tan rápido como pudiéramos, atravesando varios obstáculos sin derramar nada de agua. Hacía calor dentro del disfraz. El sudor me picaba en los ojos y cuando estaba escurriéndome por una entrada estrecha, que era el último obstáculo, escuché a un tipo gritar: "¡Corre, cerote, corre!" Fue entonces cuando nos dimos cuenta de que tal vez nuestra mascota era demasiado "orgánica". Pronto fue enviado al gran contenedor de abono en el cielo.

Nuestra siguiente contribución para este pobre hombre en el desfile de Macy's fue una bolsa de café inflable fabricada profesionalmente, de un metro de ancho por dos de alto. Era una réplica casi exacta de nuestra bolsa de una libra. Lo llevamos a varias tiendas y eventos especiales en Vermont. Un ventilador operado por batería dentro mantuvo la bolsa inflada y enfrió ligeramente al usuario. Un año llevé la bolsa en una carrera benéfica llamada Longest Mile en College Street en Burlington. Tenía que tener a alguien a mi lado porque no tenía visión periférica. Cuando finalmente llegamos a la cima de la colina de una milla de largo, lancé un desafío al "Sr. y Sra. Cruller "(las mascotas de gran tamaño de una compañía local de donas) para salir de su escondite y correr la carrera el próximo año. ¡Ah!, no había un pantano de mercadotecnia demasiado sucio para que yo pudiera atravesarlo.

Para crear impacto, sin embargo, nada se compara con la temporada que Coffee Buster estuvo con Green Mountain Coffee Roasters. El verdadero nombre de Coffee Buster era Chris Costonis, él había dejado su trabajo en el sector inmobiliario para convertirse en una especie de artista de circo del café. Recuerdo haber escuchado una historia de la National Public Radio sobre él en Boston, donde vendía café de un bote en la espalda. Llevaba el bote de café para vender sus contenidos calientes a los viajeros que esperaban en la cola de las casetas de peaje de Sumner Tunnel.

Susan Williams, mi supervisora en ese entonces en Green Mountain, pensó que Chris sería un embajador vibrante para nuestra compañía. Por supuesto, dije, pero primero tenía que ir a verlo en acción. Pase un día con él en el Tunnel, viéndolo trabajar. El contenedor que llevaba puesto parecía como el tanque de oxígeno de un bombero. Tenía bolsillos a los lados para la crema y el azúcar. Habrías pensado que estaba trabajando en una comidería en algún sitio, excepto que era rápido como el rayo, acompañado de ritmo. Aquí estaba el, en medio del extenuante tráfico y ruido, prometiendo "la taza de café más rápida en el mundo. Cinco segundos para café negro y seis segundos para café con crema y azúcar." El nunca perdió su compostura. Podía ser escandaloso y descarado, pero también podía bajar el tono para adaptarse al cliente.

Durante dos o tres años fui su "representante" de Green Mountain y disfruté enormemente las numerosas oportunidades que tuve de observarlo en acción. Trabajó en aperturas de tiendas o eventos especiales como el Maratón de la ciudad de Vermont. Fue muy eficaz tratando con todo tipo de personas, desde hombres de mediana edad hasta ancianitas. Le encantaba actuar frente a una buena multitud de personas y era un icono de marketing de guerrilla muy efectivo para Green Mountain.

Tuve una pequeña parte en uno de sus grandes triunfos. Cuando abríamos nuestra tienda en el suburbio de Naperville, en el oeste de Chicago, escribí un comunicado de prensa de tono irónico en el que advertí a Chicago que el Coffee Buster tomaría la ciudad por asalto y enumeré dónde estaría regalando tazas de café. Dos días después WFLD, el afiliado de Noticias Fox TV Chicago me llamó y dijo que querían que apareciera en el programa de televisión matutino "Fox Thing in the Morning". Acordaron recoger a Chris en una limusina y lo filmaron en vivo entregando café a los automovilistas en el centro de Chicago por siete minutos. En el mundo de la televisión, eso es una eternidad. Al día siguiente, le pidieron que regresara. Era el día de la secretaria y Chris pasó otros siete minutos interceptando a las secretarias en la calle para proporcionarles tazas de Green Mountain Coffee.

Chris fue probablemente la herramienta de marketing más vanguardista que la compañía haya empleado. El público lo amaba definitivamente. Mantuvimos a Chris durante un par de años, pero a medida que la empresa cambió su enfoque al desarrollo de nuestro negocio mayorista, hubo menos oportunidades de venta minorista para que él hiciera lo suyo.

GASOLINA Y CAFEÍNA: EL CAMBIO A LA VENTA MINORISTA

A mediados de la década de 1990, Starbucks salió de la oscuridad práctica para convertirse en el gigante de la venta minorista de café. La compañía apareció por primera vez en nuestro radar en 1992 cuando fuimos a la conferencia de SCAA en Seattle. En ese momento, Starbucks tenía cerca de sesenta tiendas solamente en Seattle. Parecía que había una en cada esquina de la calle, lo que mostraba el potencial de crecimiento del comercio minorista de café especial en las zonas urbanas. Ese mismo año la compañía pasó a cotizar en la bolsa de valores y las aperturas de sus tiendas se dispararon como cohetes en el año nuevo chino. En ese año teníamos ocho tiendas; ellos tenían más de 200.

En este punto, Bob realmente estaba tratando de hacer todo lo posible para poner a prueba todas las avenidas de crecimiento de los ingresos -almacén, por correo y mayorista- para ver cuál se disparaba. Su modelo consistía en construir una presencia local a través de las tiendas de la compañía en varios lugares y luego agregar el negocio de venta por correo y mayorista para lograr una poderosa sinergia. A principios de 1992, Fairwinds Coffee, con sede en Nuevo Hampshire, ofreció comprar nuestro negocio mayorista. Me reuní con Bob y lo alenté a aceptar la oferta. Como uno de los seis únicos empleados que poseía acciones en la empresa, sentí que era mi responsabilidad compartir mis puntos de vista sobre esta posible adquisición. Dije que las tiendas estaban haciendo un buen negocio y que, si tomábamos el efectivo, podríamos ampliar enormemente nuestra división minorista. Bob fue cortésmente evasivo. Un par de meses más tarde rechazó la oferta. Esta fue la primera vez que reveló la importancia que atribuía al mercado mayorista. Mirando hacia atrás, puedo ver que esta no fue mi mejor profecía corporativa.

Cuando me uní a Green Mountain en 1987, nuestro mayor cliente mayorista era Kings Super Markets en Nueva Jersey. En Vermont, solo una cadena de supermercados (Hannaford) estaba vendiendo nuestro café. Pronto, sin embargo, tuvimos un giro inesperado. Nuestro vendedor en Maine instaló una única estación de servicio Mobil con cafeteras térmicas, en lugar de las servidoras de dos quemadores más tradicionales. En las cafeteras tradicionales, el café a menudo se cocina durante horas, destruyendo sus sabores finos y dándole un sabor quemado. A la estación Mobil le gustó el concepto y comenzó a comprar nuestro producto. Y sus ventas de café se dispararon. En cuestión de meses, esta estación de servicio obtenía más ganancias de las ventas de café que de la gasolina. La idea se extendió a otras estaciones de Mobil en Maine y luego en Nueva Inglaterra. Mobil Corporation le pidió a Green Mountain que expandiera el programa a su red de concesionarios en otros estados, incluida Florida. Los clientes pronto comenzaron a pedirle a sus supermercados locales nuestro café para poder prepararlo en casa.

Bob siempre había creído que, con una preparación adecuada, los consumidores "entenderían" el concepto de café de especialidad y el mercado mayorista despegaría. Pero Bob creía que nuestras propias tiendas minoristas eran necesarias para ayudar a los clientes en este viaje experimental. Al no contar con la tienda de Green Mountain Coffee Roasters o la presencia minorista en Florida ni a menos de mil millas de Florida en ese momento, pronto nos dimos cuenta de que no necesitábamos la presencia local de nuestras tiendas minoristas para hacer crecer nuestro negocio. Para 1998, el número de tiendas minoristas pertenecientes a Green Mountain había alcanzado un máximo de doce, lo que representaba alrededor del 10 por ciento de nuestros ingresos. Poco después de eso, la compañía decidió vender sus tiendas a los empleados para poder enfocarse en los segmentos comerciales de mayoristas y consumidores directos que crecían rápidamente. Después de eso, nunca miramos hacia atrás.

UN NUEVO TRABAJO EN RELACIONES PÚBLICAS

En septiembre de 1993, Green Mountain Coffee Roasters se convirtió en una corporación de propiedad pública. Al mismo tiempo, un nuevo vicepresidente de ventas minoristas se unió a la compañía. Aprendí rápidamente que ella no sabía nada sobre el café y que tenía una experiencia de administración minorista limitada. Ahora me encontraba siendo supervisado y cuestionado de forma excesiva. Se volvió cada vez más desagradable y comencé a pensar en irme. Pero tenía seis años invertidos en esta compañía. Creí en la empresa y en su potencial de crecimiento y buenas obras. Sabía que no iba a estar en el comercio minorista para siempre; podía cambiarme a otro departamento de la empresa y hacer las cosas que disfrutaba. Decidí esperar el momento oportuno e ir al encuentro de la oportunidad interna adecuada para salir de la situación en que estaba.

Pronto, tuve esa oportunidad. Me enteré de que la compañía tenía la intención de establecer un director de relaciones públicas a tiempo completo. Hasta este punto, diferentes personas habían cumplido partes de este rol. Me habían pedido que escribiera varios comunicados de prensa a lo largo de los años, y descubrí que realmente disfrutaba el desafío de escribir; yo era bueno en eso. ¡Después de todo, como estudiante había obtenido una especialización en idioma inglés! Dado que la compañía todavía era relativamente pequeña y no contaba con un departamento de recursos humanos o procedimientos de contratación formalizados y dado que ya estaba ocupando gran parte de este rol después de las horas, me ofrecieron el puesto.

Estaba listo para algo nuevo. Esperaba con ansias esta nueva experiencia y el desafío de representar a la compañía en la parte editorial y como vocero. Una de mis primeras oportunidades para brillar en el nuevo trabajo fue dirigir nuestra solicitud para el Premio Deane C. Davis en 1994, el honor principal de servicio público comercial presentado anualmente por la Cámara de Comercio de Vermont y la revista Vermont Business. El premio fue otorgado por la participación de una compañía en asuntos comunitarios y su responsabilidad ambiental. Recopilé una carpeta de información y fotos que proporcionaban una buena visión general de la compañía y sus diversas actividades de servicio a la comunidad. Entre nuestras presentaciones se encuentran fotografías que demostraron nuestro crecimiento (incluidos nuevos equipos de planta y nuevos envases de válvulas), el creciente número de empleados en Vermont, una descripción de los paquetes de beneficios de la compañía, nuestras donaciones de café de la comunidad y nuestro Premio Heart of Gold de la Casa Ronald McDonald.

En una competencia contra tal vez media docena de otras compañías, ganamos. Me sentí muy bien que la compañía y sus empleados fueran públicamente reconocidos. Esta primera "victoria" en mi nuevo trabajo aumentó mi confianza y me hizo sentir aún más orgulloso de la compañía. También podía ver posibles oportunidades de usar mi nuevo cargo y mis responsabilidades para impulsar aún más a Green Mountain a extender su responsabilidad cívica más allá de Vermont a las comunidades cafetaleras en América Latina y más allá, actuando así sobre los primeros objetivos que me había propuesto promoviendo el cambio donde pudiera.

Una de las vías para alcanzar esto fue continuar mi servicio de dos años en la Junta Asesora de Coffee Kids. Era un grupo ecléctico de gente que llegaría a ser bastante influyente en la industria. Cinco miembros servirían como presidentes de la Asociación de Cafés Especiales de América. Además de Bill Fishbein, incluyeron a Dan Cox de Green Mountain, Paul Katzeff de Thanksgiving Coffee, Karen Cebreros de Elan Organic Coffee, David Griswold de Aztec Harvest Coffee Company y Donald Schoenholt de Gillies Coffee Company. Cuando me uní a este grupo, se reunía una vez al año en las conferencias de SCAA para escuchar sobre el trabajo de Coffee Kids, brindar asesoramiento general a Bill y presionar para obtener apoyo entre otros miembros de SCAA. Ahora, Coffee Kids estaba empezando a trabajar con organizaciones no gubernamentales (ONG) en áreas cafetaleras que estaban interesadas en programas de microcrédito.

El microcrédito o microfinanza fue concebido por el bangladesí Muhammad Yunus. La práctica proporciona servicios financieros a personas empobrecidas que no tienen garantías, historial de crédito o acceso a servicios de préstamos tradicionales. Yunus y sus seguidores creían que al prestar pequeñas cantidades de dinero (tan poco como $ 50) a personas pobres, se puede estimular el espíritu empresarial. También alentaron a los grupos de afinidad que juntaron dinero para ayudarse unos a otros a iniciar negocios.

Con el apoyo de Coffee Kids, las ONG locales pudieron llevar los beneficios del microcrédito y el ahorro a pequeños grupos de mujeres. A su vez, a través de sus propios pequeños negocios basados en la comunidad, estas mujeres proporcionaban a sus familias fuentes alternativas de ingresos para el café y sus precios fluctuantes, sobre los cuales los agricultores no tienen control. Los grupos de ahorro generalmente comprendían de quince a veinte mujeres. Se reunieron regularmente para proporcionar un entorno seguro y de apoyo en el que podían construir sus propias pequeñas empresas, tales como cultivar flores o papas, hacer tortillas o criar cerdos, todo para ser vendido en el mercado local. Para poner la necesidad de estos microcréditos en perspectiva, considere esto: durante un año con precios de café razonablemente saludables, la familia de cafetaleros de pequeña escala que trabaja alrededor de dos hectáreas de tierra ganará $ 2500- $ 3000 antes de los gastos. Para una familia de seis, eso equivale a menos de $ 2 por día por persona. Esto apenas permite que las familias satisfagan las necesidades básicas.

La Junta Asesora ayudó activamente a Coffee Kids a expandir su vínculo con la industria del café de especialidad para ayudar a que exista más disponibilidad de préstamos de microcrédito. Además de presentar a Bill a posibles donantes, el grupo ayudó a generar conciencia sobre Coffee Kids al hablar en varios eventos públicos sobre el trabajo que la organización estaba haciendo.

REGRESO A LOS ORÍGENES

Todo esto fue un trabajo satisfactorio, pero quería volver a América Latina. Mi primer objetivo como director de relaciones públicas fue profundizar mi conocimiento del café, del árbol a la taza. Cuando alguien llamaba con una pregunta sobre el café, particularmente alguien de los medios, quería estar preparado para hablar con autoridad, no con dudas sobre nuestro producto principal. Me sentía cómodo con mi conocimiento del negocio doméstico de la compañía y las cifras de ventas, los tipos de cafés que ofrecíamos y el proceso de tostado. Había estado en el comercio minorista, pasando mucho tiempo con los clientes cara a cara. Conocía el extremo norte de nuestro negocio. Lo que necesitaba era una mejor comprensión de la otra mitad de esta ecuación. ¿De dónde venía el café? ¿Cómo era cultivado? ¿Quiénes eran las personas que lo cultivaron? ¿Qué desafíos enfrentaban? Para aprender esto, tenía que viajar.

Durante el viaje de empleados a La Minita en 1992, recibí una buena introducción general a la producción de café, su ciclo anual, los fertilizantes, el terreno, etc. Mientras estuve en La Minita, vimos todo el proceso desde la finca hasta el producto final. Mientras caminábamos a través de hileras de plantas de café esmeradamente cuidadas, algunos de los árboles todavía tenían pequeñas flores aromáticas blancas. La mayoría de los árboles, sin embargo, estaban cargados de "cerezas" de café que contenían el grano de café en el centro. Muchas de las cerezas todavía eran de color verde, otras maduraban hacia el rojo, mientras que otras eran de color carmesí y estaban listas para la cosecha.

Los cortadores de café salpicaban el paisaje montañoso con canastas en las que dejaban caer cerezas de café rojo recién recogidas. Al final del día, traían su cosecha en grandes bolsas de plástico al punto de recolección donde todos los cortadores se congregaban para pesar y cargar su café en un camión grande que se dirigía al beneficio húmedo para el primer paso en el procesamiento. En el beneficio húmedo, los granos se separan de la fruta que los rodea (se despulpan) a las pocas horas de la recolección. Los granos aún están húmedos y resbaladizos debido al mucílago que aún se adhiere al exterior de los granos. Los granos de café se colocan en grandes tanques de fermentación donde permanecen y fermentan, generalmente hasta doce horas. Una vez que finaliza el proceso de fermentación, los granos se lavan en canales de agua hasta que el exterior del grano esté libre de mucílago y tenga la textura de la lengua de un gato.

Los granos, aún húmedos, se colocan en un gran patio de concreto donde los trabajadores los rastrillan continuamente mientras se secan lentamente al sol durante cinco o seis días. Esto continúa hasta que los granos tengan un contenido de humedad del 11 por ciento. Una vez secos, los granos, aún con el pergamino (una piel exterior frágil) que los rodea, se colocan en grandes recipientes de madera durante un mes de reposo, donde los sabores tienen la oportunidad de desarrollarse por completo. Una vez que termina el período de reposo y justo antes de la exportación, los granos completan su procesamiento en el beneficio seco. El pergamino se elimina y los granos se ordenan por tamaño y densidad a medida que pasan por una variedad de máquinas. Posteriormente, los granos se ordenan por una línea de ojos electrónicos que separa cualquier defecto (identificado por el color) a medida que los granos pasan a la velocidad del rayo. Además, en un área donde trabajan unas cincuenta mujeres, los granos se vuelven a clasificar cuidadosamente en pequeños escritorios y las mujeres buscan y eliminan frijoles descoloridos, rotos y defectuosos con agujeros de broca. Finalmente, los granos se colocan en sacos de yute, se pesan y están listos para ser trasladados y cargados en un barco portacontenedores con destino a un tostador en Estados Unidos o Europa.

El punto de vista de Green Mountain en ese momento era que solo las grandes propiedades como La Minita, con una larga historia familiar y una estrecha administración de arriba hacia abajo, podían supervisar un proceso de fabricación tan complicado y producir el café de mejor calidad. En general, rechazábamos un tanto las cooperativas como estructura y lo orgánico como método de producción de café. Los productores dedicaban demasiado tiempo a la organización y no a los detalles de la producción de café, dijeron Bill McAlpin y otros. El argumento contra lo orgánico en el momento era este: "Bueno para el planeta, malo para la taza". Cualquiera que fuera la verdad sobre estos sistemas agrícolas y de producción, sentía que, como director de relaciones públicas, necesitaba saber más.

A medida que leí más sobre el café orgánico, llegué a ver nuestra opinión como excesivamente parcial. La agricultura orgánica es un sistema de gestión de la producción ecológica que promueve y mejora la biodiversidad, los ciclos y la actividad biológicos del suelo. Se basa en el uso mínimo de insumos no agrícolas y en prácticas de gestión que restablecen, mantienen y mejoran la armonía ecológica. Al enfatizar los sistemas naturales y las prácticas de sombra, el café orgánico era en realidad menos costoso de producir que el "café bajo sol" con sus costosas aportaciones químicas.

Los miembros del Comité de medio ambiente de SCAA insistieron en que el café orgánico producido en las cooperativas de agricultores podría ser tan bueno como el café no orgánico producido en grandes haciendas. El café orgánico no solo era bueno para el planeta; podía saber mejor que el café ordinario y tener un precio más alto. La más insistente del comité fue Karen Cebreros. Ella había estado en la industria del café menos tiempo que yo, pero hablaba como una guerrera de antaño. Le gustaba el modelo de Coffee Kids, pero mientras Bill estaba estrictamente orientado al desarrollo, Karen era una empresaria que quería incorporar el desarrollo económico y social en su negocio. Me dejé llevar por sus historias y discusiones.

Después de trabajar en ventas en Xerox durante años, Karen se fue para establecer su propio negocio de servicios de oficina. Una grave afección de salud la llevó a evaluar su vida. Su cuñado, Jorge Cebreros, vivía en Perú y despertó su interés en el café. Le rogó que viajara y se reuniera con los productores y sus familias y echara un vistazo a su café. Karen no sabía nada sobre el café y nunca antes había estado en Perú. Jorge la llevó a las remotas comunidades montañosas en el norte de Perú, comunidades a las que solo se puede llegar a caballo. Allí se encontraron con algunos agricultores en una pequeña cooperativa, y Karen acordó llevar a casa una bolsa (132 libras) de su café orgánico sin tostar.

De vuelta en los Estados Unidos, a Karen le llevó un mes para encontrar un tostador. Cuando finalmente logró tostar el café, sabía literalmente a tierra. Más tarde se enteró que las condiciones de procesamiento eran terribles, desde piedrecitas entre los granos, hasta bodegas sobrecalentadas y tostado deficiente. Sin embargo, ahora ella estaba enganchada al negocio y a la gente. Se sintió atraída por el aspecto de la calidad del café orgánico, sus implicaciones para los agricultores y el medio ambiente y el precio más alto que regía. "Cuando vi a estas personas ganar ocho centavos por hora, dije el planeta está tan jodido. Tengo que hacer algo ", dijo Karen. "El sistema de mercado de productos básicos crea precios que no reflejan el costo real de producir el producto y mantener las comunidades y los ecosistemas que lo produjeron. Refleja la voluntad de los productores de pasar hambre, escatimar en educación, renunciar a la atención médica, trabajar en condiciones subhumanas y destruir el medio ambiente. Es una especie de chantaje que obliga a los agricultores a vender sus productos a precios inferiores al costo por el simple privilegio de venderlos". Para poner a prueba esta teoría, Karen puso su negocio de servicio de oficina en espera y fundó Élan Organic Coffee, que se especializaría en la búsqueda de fincas de café orgánico con las que podría desarrollar relaciones comerciales, ayudar a las comunidades involucradas, eliminar a algunos de los intermediarios y aun así ganar algo de dinero para ella misma.

Dentro y fuera de nuestro servicio en la Junta de Coffee Kids, Karen me instó a realizar otro viaje a "origen". "Este viaje te lo debes a ti y a tu compañía. Tienes que ver con tus propios ojos el otro lado del café, lo que faltaba en Costa Rica. ¿Por qué deberías creerme, una mujer fuera de la América corporativa? ¿Qué sé sobre el café, en comparación con las personas en el campo que son segunda, tercera y hasta sexta generación de cafetaleros?" Ella fue implacable. Seguí negándome debido a mis deberes de comercialización. Ella construiría el viaje alrededor de mi agenda, dijo. Pero cuando me convertí en director de relaciones públicas, de repente tuve tres buenas razones para ir: para ver el café orgánico, visitar un par de proyectos de Coffee Kids y ver la estructura cooperativa y su apropiación en acción, así que dije que sí.

A GUATEMALA Y MÉXICO

Usé una semana de vacaciones para hacer este viaje, que pagué por mí mismo. La semana anterior al Día del Trabajo de 1995, volé a San Diego y conocí al resto del grupo: Adam Teitelbaum, propietario de Adam's Organic Coffees en San Francisco y Anne Outhwaite, propietaria de una cadena de cafés en Vancouver. Temprano a la mañana siguiente, Karen nos llevó a Tijuana, México, donde los tres abordamos un avión a la Ciudad de México y nos subimos a otro rumbo a la ciudad de Guatemala. Nos dirigíamos a una semana de viaje a zonas de café en Guatemala y luego en México. Karen nunca lo dijo, pero estoy seguro de que esperaba que volviera lo suficientemente entusiasmado con el café orgánico como para persuadir a Green Mountain para que comprara algo.

Debido a lo que había aprendí a través de Pax Christi y Coffee Kids, decididamente tenía sentimientos mezclados acerca de ir a América Latina. Los EE. UU. habían tratado a varios de estos países casi como colonias. Intervenimos militarmente en México, Nicaragua, Honduras, República Dominicana, Haití y Panamá. El golpe de Estado liderado por Estados Unidos contra el gobierno guatemalteco en 1954 comenzó una larga guerra civil de 35 años que mató a cientos de miles de personas. Entre los peores afectados se encontraban los indígenas pobres en zonas rurales, muchos de los cuales eran cafetaleros. También había estado leyendo un poco más sobre los problemas actuales en la región. Con el colapso del Acuerdo Internacional del Café a fines de la década de 1980, los precios del café habían caído abruptamente, lo que provocó que miles de agricultores abandonaran la tierra. Ahora, la guerra civil guatemalteca se estaba acabando. Pero los acuerdos de paz no se habían firmado y había una anarquía general sobre el país, repleta de varios grupos armados en competencia. En México, la revuelta zapatista en Chiapas (hacia donde nos dirigíamos) había sucedido tan solo un año y medio antes. Chiapas, el más pobre de los estados mexicanos, estaba inundado por la tensión y las tropas mexicanas. Ni en Guatemala ni en México estábamos completamente seguros de cuál sería nuestra recepción. Sería un viaje interesante, por decir lo menos.

Cuando Adam, Anne y yo llegamos a la ciudad de Guatemala, conocimos a Martín el esposo de Karen, a una mujer que trabajaba para Karen llamada Tina Strelchun y a nuestro guía Francisco Osuna.

Francisco medía unos 5'6 ", con ojos marrones y cabello negro rizado; él había ayudado a Karen a encontrar orígenes de café orgánico en México y Guatemala. Creció en San Cristóbal de las Casas, en Chiapas, México y se graduó en agricultura sostenible. Sabía mucho sobre el café orgánico y los estándares de certificación orgánica. Sus habilidades de inglés eran mínimas, a la par de mi español en ese momento. Pero a medida que la barrera del idioma se redujo en los próximos años, nos convertiríamos en buenos amigos. Cuando subimos a la camioneta en el aeropuerto de Ciudad de Guatemala para llegar a Antigua, un miembro del grupo me empujó un periódico y me dijo "¡Bienvenido a Guatemala!". No entendí ni una palabra, pero pude ver dos pulgadas de titulares y una imagen sangrienta de la policía de pie sobre cuerpos cubiertos en el borde de la carretera. "¡Seis turistas muertos!", Tradujo. Bueno, eso frenó la conversación por un tiempo. La regla general en ese momento, también supimos, era estar fuera de las carreteras al anochecer para reducir las posibilidades de problemas con el ejército, los rebeldes o los bandidos. ¡Esto iba a ser muy diferente de Costa Rica!

Antigua era una hermosa ciudad, rodeada de montañas y volcanes y rica en edificios históricos restaurados, buenos restaurantes y aire fresco. Estaba en completo contraste con nuestra próxima parada. La Concha era una finca de café orgánico a unos noventa minutos de la capital. Tenían fama de ser uno de los mejores cafés en Guatemala y la finca había estado en la misma familia por generaciones. Cuando llegamos, fue todo un shock. Me recordó a la película de Paul Newman, Fort Apache, The Bronx. Había una puerta principal de acero alto, cercas y alambre de púas. Los guardias llevaban escopetas recortadas. ¿Cultivaban café con mano de obra convicta? Una vez que nos admitieron a través de los portones, pasamos frente a un complejo de guardias donde se alojaban sus fuerzas de seguridad. Era una especie de Fort Apache dentro de Fort Apache. Nos indicaron que condujéramos directamente al beneficio seco donde nos encontramos con el jefe de capataces, un hombre bajo que nos recibió con voz fuerte y un apretón de manos aún más fuerte. Luego de asegurar que todos tuviéramos agua para beber, inmediatamente nos llevó a recorrer la finca.

Era una hermosa finca, todo orgánico, todo sombreado, con una variedad de árboles de sombra de diferentes alturas que albergaban una gran cantidad de pájaros e insectos. Estaban haciendo algunos experimentos con los cafetos Kona y robusta, dejándolos crecer a más de quince pies de altura. La finca estaba bien distribuida, con dependencias para trabajadores, una tienda y toda la gama de equipos de procesamiento, incluidos los beneficios húmedos y secos. Me sorprendió ver a guatemaltecos que medían menos de un metro y medio de altura y que llevaban sacos de café de al menos su propio peso corporal al piso de arriba para apilarlos en el almacén. Después de la gira, volvimos a la casa principal para almorzar.

La casa era vieja, pero estaba bien hecha y me recordó a una casa de campo en buen estado de Vermont. Era cómodo y más auténtico que el alojamiento moderno en La Minita en Costa Rica. Tenía un comedor formal y una gran sala de estar con chimenea. Sobre la repisa de madera oscura había un quetzal disecado, el ave nacional. ¡Imagina encontrar un águila calva disecada sobre una repisa en casa! Tuvimos un delicioso almuerzo que se prolongó más allá del tiempo en que se suponía que íbamos a irnos. Nos habían advertido sobre los bandidos y teníamos que estar fuera de la carretera por la noche. Nos despedimos y nos metimos en la camioneta para salir del complejo, con el dueño de La Concha a la cabeza en su todoterreno. Mientras conducíamos por esta carretera bordeada de árboles, nos detuvimos y dejamos nuestra camioneta para tomar fotografías de algunos brillantes escarabajos rojos en las hojas de un árbol. El propietario pisó bruscamente los frenos, corrió hacia nosotros y comenzó a gritarnos para que volviéramos a la camioneta. ¿Estaba preocupado de que nos envenenáramos con los escarabajos? No, Martín tradujo. A él no le importaban los escarabajos. Estaba aterrorizado de que nos robaran en su tierra. Toda esa seguridad, pensamos.

Un poco nerviosos, volvimos a la camioneta y seguimos adelante. En la puerta principal nos detuvimos para agradecer al dueño por su hospitalidad y comenzamos la siguiente etapa de nuestro viaje. A cien metros por el camino de tierra, pasamos por una capilla de madera, del tamaño de un garaje. Y al otro lado de la calle, un pequeño grupo de mujeres con brillantes vestidos mayas lavaban la ropa en un pequeño arroyo. Justo detrás de ellos había un granero de poste, quizás de 40 x 60 pies y abierto a los lados. Era más como un refugio de ganado que un granero. Sin embargo, en este espacio, debe haber habido diez o más familias de agricultores diseminadas como en un mercado ... excepto que no era un mercado: vivían allí. Sin privacidad, sin baños, nada más que ese pequeño refugio elevado. Ver a estas familias acurrucadas juntas en condiciones tan miserables realmente me llegó. Acabábamos de salir de una comida servida en un mantel de lino por camareros, y estas familias no tenían más que una losa de concreto y un techo inestable para protegerlos. Durante un par de horas me olvidé por completo de los bandidos y me pregunté qué podría hacer. Si compráramos de haciendas como esta, ¿era ése el equivalente de Folgers comprando café de El Salvador durante la guerra civil de ese país? ¿Quién cometió el mayor robo: los bandidos en la carretera o los bandidos en las grandes casas que dejaban a sus trabajadores con graneros para la vivienda? ¿Qué tanto debemos tomar el lado humano del café como parte de nuestras decisiones de compra? Pude ver que la plantación podía producir café de buena calidad. Pero saber que fue producido bajo estas condiciones injustas hizo que se formara un nudo de enojo en mi garganta.

Muy pronto volvimos a estar en una carretera pavimentada de dos carriles. Justo antes del anochecer, subimos una colina y vimos una serie de luces traseras rojas parpadeantes. Cuando nos acercamos nos unimos a entre cuarenta y cincuenta automóviles y las camionetas se detuvieron. (Más tarde nos dimos cuenta de que era aquí donde mataron a los seis turistas). Martín salió a preguntar y descubrió que un deslizamiento de tierra había bloqueado por completo el camino por delante. Teníamos tres opciones: esperar entre seis y ocho horas para que se despejara la carretera, regresar a Ciudad de Guatemala y tomar otra carretera durante cuatro horas para conducir en la oscuridad, o tomar un desvío a Panajachel que supuestamente agregaría solo quince minutos a nuestro viaje. Optamos por el desvío y seguimos un gran camión volquete que conducía a cinco millas por hora por una colina muy empinada. De repente, el camión se detuvo; no pudimos ver por qué. Después de unos dos minutos, lentamente se adelantó. En cuestión de segundos estábamos rodeados por docenas de personas de todas las edades que empujaban contra la furgoneta. Alguien arrojó un tronco debajo de los neumáticos delanteros. Estábamos estancados. "¡Dios mío, esto es!", Pensé. "¡Vamos a ser el próximo grupo de turistas muertos! ¡Jan tenía razón! No debería haber venido." Advertencias del Departamento de Estado pasaron por mi mente como un mal sueño. Afortunadamente, sin embargo, el asesinato no estaba en la mente de estas personas; fue una especie de asalto cortés en la carretera. Tan pronto como estos aldeanos escucharon sobre el deslizamiento de tierra en la carretera principal, sabían que decenas de automóviles y camiones tendrían que pasar por su pequeña aldea: efectivamente habían ganado la lotería del tráfico. Con un ambiente que era más festivo que amenazante, docenas de personas habían creado un peaje humano instantáneo. Cuando llegó nuestro turno, con mucho gusto pagamos el "peaje" de $ 2.50 y nos saludaron como si estuviéramos pagando para ingresar a un mercado de pulgas. Lanzamos un suspiro colectivo de alivio, pero me pregunté sobre la anarquía general y la profundidad de la miseria que llevaron a estas personas a robar a los viajeros para sobrevivir.

LA VOZ LLORANDO EN EL DESIERTO

Mucho después del anochecer y sin más incidentes, finalmente llegamos a Panajachel, en la orilla del lago de Atitlán, una ciudad de dos calles amada por mochileros durante treinta años. Después del desayuno a la mañana siguiente, hicimos un pequeño viaje a través del lago a una cooperativa en la comunidad de San Juan la Laguna. El lago tiene doce comunidades en sus orillas, cada una lleva el nombre de uno de los doce apóstoles. El viaje fue de pie y no me apetecía la idea de viajar en este bote en aguas turbulentas. El agua era azul verdoso y parecía tan gruesa como la pintura. Por encima de nosotros, los volcanes gemelos se elevaban a 10.000 pies sobre el agua. Era un paisaje increíblemente hermoso con niebla cubriendo todo en una bruma gris.

La cooperativa se llamaba La Voz, abreviatura de "La voz que llora en el desierto". El presidente de la cooperativa, un hombre vestido con sencillez, con una camisa a cuadros, pantalones desordenados, un sombrero fedora marrón y una cara cálida e intemporal, nos recibió en el puerto. Lo seguimos en un camino entre hileras de cebollas inmaculadamente mantenidas. Mientras caminábamos hacia el pueblo, una mujer salió de una puerta y comenzó a hablar con Martín Cebreros en español. Ella tenía un tubo de crema en la mano y le preguntaba al respecto. Lo tomó, miró la etiqueta y luego se la devolvió, avergonzado. Nos alcanzó y se echó a reír.

"¿De qué se trataba todo eso?" Preguntamos.

"Ella dijo que una gringa de una compañía farmacéutica que pasó hace unas semanas le dio este tubo y dijo que podría usarlo".

"¿Qué era?"

"¡Crema vaginal!"

No sería la última vez que encontraríamos evidencia de la colaboración extranjera equivocada, sin duda.

Continuamos nuestro recorrido con una visita a la oficina de la cooperativa, que era uno de los edificios más importantes del pueblo. Eran cuatro habitaciones hechas de bloques de cemento. La sala más grande tenía carteles agrícolas que cubrían las paredes, dos mesas y un surtido de sillas de plástico. Nos presentaron a varios miembros más de la cooperativa. Con tazas de café sorprendentemente bueno, el presidente de la cooperativa nos dio una breve descripción de cómo se estructuraba La Voz. Había leído sobre cooperativas antes, pero nunca había visto una en práctica. Ciertamente parecía más democrático que el modelo tradicional de arriba hacia abajo de la pirámide de las haciendas de café. De hecho, parecía una pirámide invertida, donde los trabajadores estaban en la parte superior y los gerentes en la parte inferior. En la parte superior tenían una asamblea general de todos los miembros que eligieron a la junta directiva y al presidente. La junta, a su vez, contrató al gerente general y al personal profesional. Aquí, los agricultores mismos tenían el poder. No eran campesinos sin derecho a voto que trabajaban para el dueño de la plantación; en cambio, eran pequeños empresarios independientes, dueños de sus propias fincas y de sus propios destinos. No pude evitar comparar este sistema altamente democrático con el sistema de herencia en Costa Rica o el de "Fort Apache" que acabábamos de abandonar.

Luego subimos una milla y media por una empinada ladera hasta los cafetos. No podíamos quedarnos quietos por mucho tiempo, ya que la tierra estaba llena de insectos, incluidas las hormigas de fuego. Todo el café era cultivado bajo exuberantes pabellones de sombra y hermosamente manejado; era fácil ver que los productores de La Voz se preocupaban por su café y la tierra en la que lo cultivaban. Cuando regresamos a las oficinas de la cooperativa, hicimos una sesión de "cata" adecuada para tomar muestras de diferentes cafés de diferentes fincas.

Ya había hecho las catas antes, pero esta era la primera vez que lo hacía en el campo y podía ver lo que significaba para estos productores.

La catación es el sistema peculiar, pero universalmente aceptado, utilizado en toda la industria para probar, evaluar y clasificar el café. Comienza pesando y moliendo cuidadosamente una muestra de café para diez tazas, donde el café se evalúa por primera vez en seco para evaluar su fragancia. La teoría es que, si hay un grano malo, su defecto permanecerá en esa taza y no se distribuirá uniformemente alrededor de las diez tazas, lo que facilita la detección. Se agrega agua y el café se remoja durante cuatro minutos. Luego, la corteza que se ha formado en la parte superior se rompe y el aroma de las diez tazas se revisa nuevamente en busca de inconsistencias o defectos. A continuación, se eliminan los grumos. Una vez que la taza está limpia, el catador toma una cucharada y casi inhala la infusión sorbiéndola rápidamente en su boca. El café se extiende por toda la lengua para que todas las papilas gustativas estén expuestas a su sabor. Luego, el catador traga o escupe el líquido en una escupidera. Cada catador tiene una hoja de evaluación que incluye categorías de fragancia, aroma, cuerpo, acidez y retrogusto. También hay un sistema de "puntos del catador" para bonificaciones o deméritos. Las personas suman sus puntos y por primera vez en el proceso, hablan para comparar sus puntajes con los otros catadores. Los cafés sólidos obtienen calificaciones de más de 80 puntos. Los cafés La Voz estaban dentro de ese rango. Brillaban con sabor y tenían un sabor distinto, casi fermentado. De hecho, sentí que este café orgánico certificado era tan bueno como cualquier cosa que estuviéramos vendiendo y provenía de un lugar increíblemente pobre.

Salimos de La Voz y regresamos al pueblo para visitar una cooperativa de mujeres dedicadas al tejido. Hace unos años, un microcrédito de Coffee Kids ayudó a establecer lo que se convirtió en un negocio exitoso para vender chales caseros, manteles, tapices y otras cosas. Las mujeres trabajaban y vendían en un edificio largo y sencillo con doce puestos. Construyeron su mercado para la exportación y las ventas de turistas. Cuando las visitamos, tenían muy pocas existencias disponibles. Cuando preguntamos por qué, fueron evasivas. Finalmente le dijeron a Francisco que un "coyote" (ladrón) había entrado y había comprado la mayor parte de sus productos de una sola vez. Pagó con un cheque, pero luego el cheque rebotó y él se había ido hacía mucho;

fueron limpiadas. Afortunadamente, a través de algo de dinero de un tostador de café de EE. UU., pudieron volver a ponerse de pie.

A pesar de estas angustiosas noticias, todavía me atraía la estructura cooperativa. Ciertamente, la corrupción no es peculiar de este tipo de negocios. Sabía que muchos de estos trabajadores eran analfabetos y era fácil para las personas aprovecharse de ellos, pero creía que la estructura cooperativa absorbía parte del riesgo de pérdida. Mi preocupación en los negocios es tener sistemas donde los trabajadores tienen la máxima libertad para decidir cómo manejar sus propias vidas y cuidar a sus propias familias, en lugar que alguien tome esas decisiones por ellos. Las organizaciones de producción cooperativa parecían ofrecer ese tipo de control. En el modelo de grandes haciendas, los trabajadores dependían totalmente de lo que los propietarios estaban dispuestos a hacer por ellos. Algunos propietarios hacían mucho por los trabajadores mientras que otros los gobernaban como siervos.

A medida que cruzamos el lago, afortunadamente en un viaje mucho menos abarrotado, pude sentir mi interés en el cultivo de café orgánico. Volví a mirar las verdes laderas donde crecía el café sobre San Juan la Laguna. Fue reconfortante saber que esta gente común podría cultivar café orgánico extraordinario con éxito y con una estructura comercial democrática para arrancar. Teníamos una situación de ganar-ganar. La calidad era de primera clase. Los agricultores demostraron una sólida responsabilidad ambiental en la producción. Y la certificación orgánica estaba otorgando a los agricultores una prima económica.

A TRAVÉS DE LA FRONTERA

Al día siguiente conducimos por las laderas occidentales hacia la costa cada vez más caliente. Cuando atravesamos la frontera con México y llegamos a la ciudad de Tapachula, el clima era miserablemente caluroso y húmedo. Cometimos el error de alojarnos en un hotel pequeño justo en el zócalo, o la plaza del pueblo. Una batalla de bandas de marimba nos mantuvo despiertos la mayor parte de la noche. Cuando comenzó a llover, una de las bandas se refugió en la terraza de nuestro hotel y continuó su ataque a los sentidos. A la mañana siguiente, con la cabeza todavía sonando, pasamos un par de horas visitando el beneficio seco, donde el café se procesa antes de su exportación, en el ISMAM

(Indígenas de la Sierra Madre de Motozintla). ISMAM fue una de las primeras cooperativas de café de comercio justo y orgánico en México.

El ISMAM tenía un impresionante programa de investigación para combatir la broca, el escarabajo del café que ha sido la ruina de los granos de café durante más de 150 años. La idea es que los pequeños parásitos voladores se coman algunos, pero no todos, de la broca, ya que querían algún tipo de simbiosis entre el huésped y el parásito. La cooperativa había disfrutado de un éxito considerable con estos parásitos en su lucha contra la broca y ahora los reproducía en el laboratorio de la cooperativa. De nuevo, esto demostró que las cooperativas de pequeños agricultores estaban preparadas para probar nuevas técnicas de control de plagas, cultivo y gobernanza. Esto era biotecnología avanzada y me recordaron que "orgánico" no significaba una oposición a la tecnología, simplemente una oposición a la aplicación de agroquímicos sintéticos.

Después de nuestra visita al ISMAM, comenzamos nuestro largo viaje a San Cristóbal de las Casas, en las tierras altas de Chiapas, la ciudad natal de Francisco y la ubicación de la revuelta zapatista. San Cristóbal es la puerta de entrada al altiplano, donde las comunidades indígenas producen algunos de los mejores cafés de México. La mayor parte de este café se cultiva orgánicamente y pronto tendríamos la oportunidad de verlo de primera mano.

En el mercado al aire libre de San Cristóbal, compramos un enorme saco de rollos antes de conducir cuatro horas hasta la pequeña comunidad cafetera de El Poso. El Poso, es una cooperativa indígena que cultiva café orgánico certificado bajo hermosos doseles de sombra. La hermana de Francisco, Mercedes, estaría esperándonos en El Poso. Nuestro trabajo era recoger unos cuarenta pesos por pox-il, un aguardiente mexicano hecho de caña de azúcar, de camino al pueblo para una celebración indígena. Compramos la pox, o elegante, a una mujer mayor que no tenía cambio en una casa muy aislada, así que terminamos comprando 100 pesos (unos diez galones) de pox. Lo llevamos en el tipo de contenedor de plástico grande que encontraría amarrado a la parte trasera de un todoterreno que lleva combustible de repuesto. Este material era tan potente que, si nos hubiéramos quedado sin gasolina, ¡estoy seguro de que podría haber encendido el motor!

El único camino hacia y desde El Poso fue un desafío. Estaba muy marcado y descolorido, y en un punto, nos quedamos atrapados bajando una colina. Tuvimos que salir de la camioneta y levantar la parte delantera mientras Francisco desalojaba una roca grande que bloqueaba nuestro progreso. En otro momento, tuvimos que salir de la camioneta de nuevo y colocar tablas sobre una pequeña porción de la carretera que se había lavado para que la camioneta pudiera cruzar un barranco. Mientras nos metíamos de un lado a otro en la camioneta, me pregunté cómo sería vivir aquí y mucho menos cultivar café y llevarlo al mercado. Al llegar a El Poso, vimos rápidamente que era un pueblo muy primitivo. Había recibido electricidad y agua potable solamente dos años atrás. Había una escuela moderna de un piso, pero aparte de eso, las casas se construyeron de la misma manera que lo habían estado durante cientos de años: estructuras de madera que consistían en pequeñas ramas cubiertas de barro y techos de paja. Las familias todavía cocinan en fogatas en sus casas.

La finca de café estaba en una gran montaña que tenía una hermosa vista a través de un amplio valle verde. Cuando llegamos, Francisco nos dio un recorrido por algunas de las parcelas de café orgánico. Mientras subíamos por la empinada cuesta hacia el pueblo, nos encontramos con el presidente de la cooperativa, que había empezado con el pox mientras estábamos caminando por el café; él ya estaba embriagado. Nos condujo a una pequeña iglesia donde conocimos al chamán del pueblo. La iglesia era una pequeña estructura de madera, de unos 10 x 15 pies, con un techo de acero corrugado. En el frente había un pequeño altar que tenía tres cruces de diversos tamaños, de color turquesa, sostenidas y rodeadas por ramas de pino y velas. Mientras nos sentábamos en los bancos de madera que corrían a lo largo de un lado del edificio, podía oír el silbido del viento debajo de los aleros. Si llovía, no creía que podríamos regresar a San Cristóbal esa noche. Los caminos eran bastante difíciles cuando estaban secos. Si llovía mucho, serían completamente intransitables.

El chamán comenzó la ceremonia quemando copal, una resina, en una pequeña calabaza. Sopló el humo del copal a las cuatro esquinas de la iglesia y luego a cada uno de nosotros individualmente, limpiando la iglesia de espíritus malignos. Mientras tanto, el presidente de la cooperativa comenzó a pasar el pox, usando un contenedor de plástico de 35 milímetros como el vaso de tragos. Se movía como un espantapájaros en el viento. Se paraba frente a cada uno de nosotros, lanzaba un trago y aguardaba hasta que termináramos, antes de volver a llenarlo para la siguiente persona en el banco. No valía beber medio trago. "¡Terminar, terminar!" Seguía gesticulando. Bebimos, ronda tras ronda. Era algo áspero: la sensación que causó en la garganta flotaba en algún lugar entre "soplete" y "alambre de púas". Cada uno de nosotros tomó al menos ocho tragos durante el servicio. No habíamos comido nada desde el desayuno, pero las incomodidades y las inhibiciones desaparecieron rápidamente. Mientras el presidente siguió presionándonos con más pox, empezamos a preocuparnos por el regreso a San Cristóbal; nuestro vuelo a casa partía temprano a la mañana siguiente.

Para mi sorpresa, las lluvias se mantuvieron hasta que estuvimos a mitad de camino de regreso a San Cristóbal. Debe haber sido la influencia del chamán en las nubes. Cuando volvimos, el zumbido desapareció de nuestras cabezas, pero nuestros estómagos rugieron de hambre. Nos registramos en nuestro hotel y encontramos nuestro camino a la casa de Francisco. Él y Martín no estaban allí; se habían ido a buscarnos. Mientras tanto, Doña Paula, la madre de Francisco, nos servía tamales fríos deliciosos. En poco tiempo, llegaron Francisco y Martín. Cuando Francisco nos vio comer tamales fríos, estaba enojado porque su madre no los había calentado por nosotros. ¡Creo que le divirtió ver a los gringos comerlos fríos! El comedor tenía una mesa larga, lo suficientemente grande para sentar cerca de veinte personas. Cuando ingresamos por primera vez, ya había cuatro o cinco personas morenas en un extremo de la mesa hablando un idioma que no sonaba español. Resultó ser una delegación de vascos que habían venido de visita.

"Es un lugar extraño para que los vascos pasen vacaciones", le dije a Francisco. "No hay vacaciones", respondió. "Están aquí para visitar a los zapatistas y ver cómo se organizan".

"Oh, para ayudar a mejorar sus propias estructuras de cooperación económica", le pregunté.

"¡No, están aprendiendo cómo hacer una revolución!"

A CASA, TRANSFORMADO

En el largo vuelo a casa, tuve tiempo para reflexionar. Este viaje fue sin duda el más profundo de mi vida. Tal vez porque lo pagué yo mismo y tomé tiempo de mis vacaciones para ir, me sentía particularmente capaz de sacar mis propias conclusiones sobre los sistemas de cultivo de café que presencié. Me di cuenta de tres cosas. Uno, el café orgánico sería parte de mi vida. Dos, quería volver a esta parte del mundo. Tres, quería aprender español para poder comunicarme directamente con los agricultores y sus familias, sin tener que depender de un traductor. Cuando volví a Waterbury, fui a ver a Susan Williams para contarle sobre el viaje. Me lancé contra su oficina como un niño cuando regresa a casa del campamento. "¿Quieres ver mis fotos de vacaciones?", Dije espumando. Al principio, ella no estaba muy entusiasmada, pero era solidaria y nos sentamos en su gran mesa redonda y comenzamos a revisar mi álbum. Primero, le conté sobre Karen Cebreros, cómo arriesgó todo para comenzar su empresa con un propósito social abierto. Luego le conté cómo Karen había reunido a este grupo de turistas como si quisiera infectarnos con su propia pasión. Le dije cuántos de mis prejuicios habían caído como diez alfileres.

"Antes de irnos, yo decía que el café orgánico tiene un mal sabor y que las cooperativas no podían producir un buen café consistentemente, únicamente las haciendas con una administración estricta podían llevarlo a cabo. Eso resultó ser falso. La realidad fue que, tanto en México como en Guatemala, tomamos café de las cooperativas que era tan bueno como cualquier cosa que vendamos ahora." Mientras hablaba y mirábamos las fotos de Atitlán e ISMAM, se interesó más. Le dije que los productores producían el café orgánico en condiciones de dignidad individual y acción colectiva, ganaban más dinero y producían un café excelente de una manera que no solo era benigna desde el punto de vista ambiental, si no beneficiosa. "Estos productores se han unido para ayudarse mutuamente", le dije a Susan. "No son trabajadores en una gran plantación. Ellos trabajan su propia tierra. En lugares como el ISMAM, están tomando decisiones técnicas y económicas sofisticadas. Ahora creo en el modelo de negocio cooperativo bajo el cual todos se benefician.

"En este viaje vi de primera mano la pobreza generalizada que existe en América Central. Lo que vimos en Costa Rica en el primer viaje fue la excepción, no la regla. Como individuo y como empleado, quiero hacer algo sobre algunos de los desafíos que enfrentan los productores de café y sus familias. Empujar hacia producción orgánica ayudaría a lograr esto obteniendo precios más altos. ¡El tren de café orgánico está saliendo de la estación y Green Mountain debería estar en él!

Cuando terminé, estaba sin aliento. Susan sonrió. "¡Me rindo! ¡Me has hecho creyente! Deberíamos comprar este café. Supongo que ahora tienes que tomar una decisión, ya sea que nos dejes y comiences a hacer negocios haciendo algunas de estas cosas con tu propia compañía, o tienes que convencer al equipo de liderazgo aquí en Green Mountain y conseguir que participen. ¿Cuál va a ser?"

CAPÍTULO TRES

"Qué Pasa?"

UNA CONVERSACIÓN CON LOS JEFES

Decidí compartir lo que había aprendido en mi reciente viaje a México y Guatemala con Green Mountain en lugar de abandonar la empresa para comenzar mi propio negocio de café orgánico. Susan estableció una reunión con el equipo de liderazgo para comenzar ese proceso. El grupo estaba formado por Jon Wettstein (Vicepresidente de Operaciones), Bob Britt (Director Financiero), Paul Comey (Vicepresidente de Instalaciones), Jim Prevo (vicepresidente de IST), Agnes Cook (Vicepresidente de Recursos Humanos), Chloe Lauren (Vicepresidente de Ventas), Steve Sabol (vicepresidente de ventas) y Susan Williams (vicepresidenta de administración), la mayoría solo habían estado en la empresa durante tres años o menos. Ninguno de ellos sabía mucho sobre el procesamiento del café y ninguno, excepto Bob y Jon Wettstein, había estado en América Central. Esta era mi oportunidad para compartir información sobre café orgánico certificado y tal vez influir en este equipo de tomadores de decisiones. Aunque conocía a todos los miembros del equipo de liderazgo, nunca les había hecho una presentación y estaba un poco nervioso. Tenía veinte minutos. La reunión iba a tener lugar en una sala de conferencias con una gruesa mesa de madera de unos seis metros de largo, conmigo sentado al final.

Jugué con la idea de hacer de esto una especie de "diario de viaje" en el mundo del café, presentando el café orgánico como algo exótico. Después de todo, yo solo era un tipo de relaciones públicas en el medio de la organización; tal vez necesitaba mantenerlo liviano. Pero pensé en todas las familias cultivando café en condiciones adversas y me volví a comprometer a producir el cambio si podía. Realmente me importaba esto, así que era mejor aprovechar la oportunidad para obtener puntos contundentes.

Mi presentación fue sobre los mitos y las realidades del café orgánico. Dije que habíamos desarrollado una serie de mitos internos sobre el café orgánico a lo largo de los años, incluido el hecho de que era imposible de cultivar, que tenía una calidad de taza pobre y que el proceso de certificación era laborioso y poco exhaustivo. Me concentré en las áreas y personas con las que estaba familiarizado. Conduje al grupo a través de todo el proceso, del árbol a la taza. Con algunas fotos que tomé en el viaje, les mostré imágenes de propiedades privadas y cooperativas que producían café orgánico cultivado a la sombra. Transmití lo que me pareció atractivo sobre la estructura organizativa de las cooperativas. Como miembros de una cooperativa, los pequeños productores tenían la oportunidad no solo de cultivar, sino también de administrar sus propias pequeñas empresas y sus propios destinos, mientras producían café que era posiblemente igual o mejor en calidad que las fincas más grandes y mejor financiadas.

"Lo orgánico es consistente con los valores que estamos construyendo en nuestro programa de Custodia de Café", dije. "Además, hay una tercera parte independiente que realiza la certificación con estándares ampliamente aceptados, por lo que no tenemos que mantener nuestro propio sistema interno complejo, particularmente en lo que se refiere a las prácticas agrícolas y su relación con el medio ambiente". Concluí repitiendo que esta era una oportunidad para no perder. Varias compañías de café más pequeñas ya se estaban moviendo hacia los cafés orgánicos como un nicho de mercado viable. Le dije al grupo lo que le había dicho a Susan en su oficina: que el tren ecológico estaba saliendo de la estación y Green Mountain debería decidir participar, de lo contrario, debíamos tener en claro nuestros motivos para no participar.

Después que terminé mi presentación, Bob trató de provocar algunos comentarios de los gerentes. Finalmente, Jon Wettstein dijo, "Ya tenemos demasiados cafés. ¿por qué agregar más?" Debido a que estaba a cargo del inventario, era natural que intentara simplificar. Nadie más dijo nada. Todos voltearon a mirar a Bob. "Bueno, encuestaremos a nuestros clientes antes de la temporada de Navidad y veremos si quieren productos orgánicos. Si lo hacen, traeremos algunos ", dijo. Y en eso terminó la reunión.

Desde mi punto de vista, era un buen plan. Bob creía en las encuestas y pensé que podríamos obtener un resultado honesto de ellas. Teníamos las tiendas minoristas y podíamos tomar el pulso de los clientes a través de ellas. No quería empujar un café que no sería aceptado. Hice lo mejor que pude. Ahora le tocaba a Bob y al equipo de marketing averiguar sobre el interés de los clientes. Pero durante el otoño y el invierno no pasó nada: no hubo encuestas, no hubo seguimiento. Quizás la compañía no estaba interesada. Empecé a pensar que tal vez tendría que salir de Green Mountain para seguir este sueño después de todo.

Entonces, una tarde de marzo, estaba en un edificio que llamamos Java Too cuando oí mi nombre por el altavoz. Eso nunca había ocurrido antes. Al principio pensé que era una emergencia familiar. Pero cuando levanté el teléfono, era Bob. Nunca lo olvidaré.

"¡Rick, tenemos que conseguir un café orgánico!". Estaba quemándome por preguntarle qué había detrás de este estallido, si mi presentación de alguna manera había dado en el punto meses después, pero solo dije, con calma: "Podemos hacer eso. ¿Tiene alguna preferencia en cuanto al país de origen?

"No, no", dijo. "¡Solo tenemos que conseguir un poco!"

Me encargué de llamar a Karen Cebreros, ya que ella había sido la fuerza que motivó mi conversión a las posibilidades de los productos orgánicos y porque ella era dueña de Elan Organic Coffee y podría tener algunas pistas para nosotros; ella estaba encantada de escuchar el interés de Green Mountain. "¿Por qué no comenzar con algo de Perú? Perú ha estado produciendo orgánico por mucho tiempo. El suyo es un café muy gentil, de buen carácter, un café que es difícil no gustar. Tiene suficiente sabor para ser distintivo, pero no lo suficiente como para asustarte". Conecté a Karen con Deb Randall, nuestra compradora de café y seguimos adelante y pedimos el café orgánico peruano. Entonces, ¿qué cambió la mente de Bob? Sospecho que tal vez vio algo en un periódico comercial sobre un competidor que se metió en el café orgánico y tomó una decisión rápida y sensata.

¿SE HABLA ESPAÑOL?

Ese mes de julio, cuando Deb Randall compraba la primera orden de café orgánico de Green Mountain, volví a Chiapas, México, a la escuela de español. Después de mi viaje con Karen y el resto de la tripulación, me había comprometido a aprender suficiente español como para poder comunicarme con los agricultores y otras personas cuando viajaba. Saber español me permitiría profundizar mi comprensión de la gente, la cultura, la agricultura y la tierra. Sería un director de relaciones públicas más responsable si pudiera comunicarme directamente con los productores, no a través de un traductor. Además, quería hablar con personas de todos los niveles y en todas las circunstancias; no quería centrarme solo en el café.

Después de tomar un curso de español para principiantes en Burlington, comencé a considerar hacer una inmersión en español durante un mes. Me tomaría las tres semanas de mi tiempo de vacaciones. Le pregunté a la compañía si podría tomarme una semana extra como tiempo de trabajo voluntario remunerado. Nunca se había hecho, pero estuvieron de acuerdo. La siguiente pregunta era a dónde ir. Sentí que debería ir a algún lugar donde conociera a alguien. A través de Karen contacté a Francisco Osuna, quien había sido nuestro guía en Chiapas y Guatemala el verano anterior. Francisco fue maravillosamente útil; él me inscribió en una excelente escuela de idiomas y me encontró un buen hogar para quedarme.

Pero comencé a tener dudas. Nunca había hecho un viaje como este solo. Desde luego, a Jan no le entusiasmó que me fuera un mes y que me tomara todo mi tiempo de vacaciones. Mi hijo y mi hija, Daniel y Suzanne, tenían 14 y 11 años en ese momento. Todo el deber de padres recaería en Jan. Además, las cosas seguían siendo tensas en Chiapas desde el levantamiento zapatista dos años antes. Luego, unos días antes de que me fuera, un gran huracán golpeó el Golfo de Tehuantepec en la costa del Pacífico. De los nuevos informes, sonaba severo. Llamé a Francisco para ver si era seguro. Su novia Trina Kleist, que resultó ser la periodista de Associated Press que cubría Chiapas, habló por teléfono. "Relájate", dijo ella. "Todo está bien en San Cristóbal. El huracán afectó a la costa únicamente".

Mi itinerario fue desde Burlington a Chicago, Ciudad de México y a Tuxtla Gutiérrez, la capital de Chiapas. En los aeropuertos de Burlington y Chicago, tuve la misma danza de la duda. ¿Debería solo engavetar esto? Jan probablemente estaría contenta. Nadie en el trabajo me criticaría si no fuera. Era un largo camino y un prolongado tiempo para estar lejos. Pero una vez que subí al avión en Chicago, supe que la suerte estaba echada.

El aeropuerto de la Ciudad de México era un manicomio. Tenía una gran sala donde se convocaban todos los vuelos de las aerolíneas. Por supuesto, no entendía nada de español y me preocupaba perder el vuelo. De alguna manera, al preguntarle a unas pocas personas "¿Chiapas?" "¿Chiapas?" Y al verme perdido, encontré a una mujer que volaba hacia Tuxtla Gutiérrez y ella me guió al avión cuando llegó el momento de embarcar. El vuelo de 90 minutos en sí mismo transcurrió sin incidentes; excepto que entonces comencé a preocuparme de que Francisco no estuviera allí para encontrarme. ¿Cómo podría llegar a San Cristóbal solo o incluso saber qué hacer cuando llegara allí? Pero allí estaba él en la puerta, con su bigote de Zapata, cabello negro rizado y una amplia sonrisa. Nos amontonamos en un taxi con un par de mochileros y nos dirigimos a San Cristóbal a lo largo de un peligroso camino de montaña con curvas cerradas y escarpados acantilados desde donde se podía mirar hacia abajo y ver los restos de automóviles y autobuses.

Cuando llegamos a San Cristóbal esa noche, el cielo todavía estaba un poco iluminado. La casa de la que sería mi familia durante mi estadía estaba a una milla y media en las afueras del centro de la ciudad. Era relativamente nueva y atractiva, con paredes de piedra. El Dr. Jaime Paige me había dejado una nota diciendo que me pusiera cómodo; él estaba haciendo compras. Su esposa estaba fuera estudiando en Europa. Tenían siete hijos entre las edades de cinco y diecisiete y cuando llegué, todos los niños estaban viendo en televisión l programa "The Beverly Hillbillies" en español. Me senté y los observé a pesar de que no podía entender una palabra del diálogo. Jaime finalmente llegó a casa. Era extremadamente alto para un mexicano y muy oscuro. Casi tenía un peinado Afro. Nos complicamos con algunos saludos y luego él me mostró mi habitación, donde de inmediato caí tendido.

MI RUTINA: ESCUELA Y TRABAJO

Mis clases eran de 4 a 7 en la tarde. Tenía la esperanza de hacer un poco de trabajo voluntario mientras estaba allí y con la ayuda de Francisco y la ayuda de Helga Loebel, la propietaria de la escuela de idiomas del Instituto Jovel, encontré un trabajo que no requería que yo supiera español. Lo único que necesitaba era saber cómo distinguir y usar los extremos de una pala y un rastrillo. Mi trabajo era en un huerto de demostración que pertenecía a una organización ecológica llamada Pro-Natura, la cual había establecido el huerto para ayudar a entrenar a los miembros de las comunidades indígenas cercanas, sobre cómo establecer terrazas y plantar sus propios huertos de alimentos.

Mi día iniciaba alrededor de las siete de la mañana cuando los gallos afuera de mi ventana me despertaban. Mi primer desayuno fue tortillas frías y miel que encontré en el refrigerador. Esa noche, Jaime y sus hijos me mostraron dónde estaban el cereal, la fruta y el café. Después del desayuno, me uniría a la multitud de adultos, niños y bocinas en dirección a la ciudad. En ocasiones paraba en el camino y compraba un plátano o algo de fruta a los vendedores en la calle. Durante los primeros días fui cohibido. Hacía frío, así que salía con pantalones vaqueros, una chaqueta de lana, botas de montaña, una gorra de béisbol y una mochila pequeña, pero todos los demás llevaban ropa tradicional colorida o camisas y pantalones desgarrados; estaban descalzos o con sandalias. Algunos llevaban huipiles, una prenda superior tradicional que consiste en una pieza rectangular de tela que se pliega y se cose a los lados. Algunos llevaban grandes cargas sobre sus espaldas, a menudo con correas alrededor de la frente como pañuelos para apoyo adicional. Nadie era hostil, pero me miraban como si fuera una rareza. Incluso los perros de la familia podían distinguirme entre la multitud cuando volvía más tarde ese día. ¡Comenzaban a ladrar y correr para saludarme mientras yo todavía estaba en medio de un gentío a cien metros de distancia!

Caminaba una milla hasta un depósito improvisado donde los colectivos (pequeñas camionetas de pasajeros) se reunían para viajar hacia Chamula, un pueblo indígena a unas seis millas al norte de San Cristóbal. Abordaba el autobús, que estaba lleno de hombres, mujeres y niños indígenas cargados hasta las cejas con ropa, leña, flores, comida y pollos. Por medio peso, recorría unas cuatro millas fuera de la ciudad hasta la entrada de Pro-Natura. Desde allí subiría una colina a una milla del jardín de demostración ubicado justo debajo de un bosque nuboso. Era un hermoso paisaje. Al final del camino, había un pequeño arroyo donde casi todos los días las mujeres mayas estaban lavando la colorida ropa de sus familias.

Una vez en el sitio, trabajaba durante tres o cuatro horas cortando, arrastrando tierra y moviendo rocas. Era trabajo básico físico y de sudor. Afortunadamente, tenían una cisterna para recoger agua de lluvia y yo bebía litros de eso cada día. Alrededor de la una en punto bajaba la colina, tomaba un colectivo y volvía a la casa a eso de las dos, que era la hora de la gran comida familiar con Jaime y todos los niños, preparada por el ama de llaves. Al principio no podía entender nada. Solamente comía. La comida fue satisfactoria: arroz y frijoles, fruta, tal vez pollo. Poco a poco fui entendiendo suficiente español para hablar sobre tareas, deportes, política y amigos.

Jaime no decía mucho; principalmente escuchaba la charla alrededor de la mesa. Unas dos semanas después de mi estadía, él y yo todavía estábamos en la mesa después de que los niños se dispersaron y él me preguntó qué había estado aprendiendo. Decidí probar algo de mi español de la calle con él. "¡No me chingas!" - "¡No me jodas!" Levantó la vista con incredulidad, y luego soltó una gran carcajada.

Todos los días, después de la comida familiar, recogía mi tarea y caminaba una milla y media hasta la escuela. Era la estación lluviosa y aunque las mañanas eran claras, el día a menudo se nublaba y luego caían aguaceros. Tenía tres horas de clase cada día, intercambiando entre dos profesores. Durante la mitad del tiempo de clase, tuve un maestro, Luis. Varios otros profesores compartieron la responsabilidad de la otra mitad. Todos eran mexicanos, que es lo que yo quería. Me atarearon sin parar a través de un libro de texto con ejercicios escritos y hablados. Estaba solo. Comprendí más tarde que las lecciones grupales probablemente hubieran sido mejores. Habría tenido tiempo de recuperar el aliento; el centro de atención no siempre habría estado solo en mis errores. Pero estaba aprendiendo.

Todos los días, cuando volvía del trabajo a casa y me dirigía a la escuela, intentaba iniciar una conversación en español con las personas, a pesar de que estaba teniendo problemas para armar una oración. Había un guardia de seguridad del banco, rifle en mano, a quien llegué a conocer. Su puesto estaba a una o dos cuadras de una pequeña panadería que vendía unas galletas maravillosas. De vez en cuando, compraba una galleta extra para él e intentaba pasar un rato conversando. Resultó que tenía novia en Glens Falls, Nueva York, a dos horas de mi casa en Vermont. Mundo pequeño.

Por la noche, tomaba algo para comer de la nevera y saludaba con un gesto a los niños que estaban reunidos alrededor del televisor como si fuera una fogata. Tenía por lo menos una hora de tarea antes de cepillarme los dientes y colapsar en la cama. ¡La rutina era agotadora! Durante mi última semana de inmersión, Karen Cebreros llegó a San Cristóbal para visitar a Francisco y pasar un tiempo estudiando en mi escuela de idiomas. Estar cerca de una cara conocida hizo que la semana pasara rápidamente y antes de darme cuenta, era casi la hora de volver a casa.

VISITANDO A LOS ZAPATISTAS

Mientras estaba en la escuela, tuve la sensación de estar al borde de un volcán humeante. Los zapatistas, que tomaron su nombre del revolucionario rural Emiliano Zapata, eran un grupo rebelde maya acampado prácticamente al lado. Lanzaron su guerra contra el estado mexicano el 1 de enero de 1994, el día en que el TLCAN (Tratado de Libre Comercio de América del Norte) entró en vigor dieciocho meses antes de mi viaje. La ideología zapatista era una amalgama de política socialista libertaria, creencias mayas autóctonas y sentimientos antiglobalización, anti-neoliberalismo y anti Tratado de Libre Comercio con Norteamérica. Después de varias semanas de sangrientos enfrentamientos con el ejército mexicano, los zapatistas se retiraron al área selvática de Lacandon en Chiapas y declararon la liberación de ciertas áreas. El ejército no intentó invadir esas áreas, sino que estableció controles en todas las carreteras alrededor. Las negociaciones se sucedieron entre los rebeldes y el gobierno. Fue tenso, por decir lo menos.

Cuando llegué a San Cristóbal, el líder zapatista Subcomandante Marcos estaba allí, dentro y fuera de las negociaciones con el gobierno sobre algún tipo de autonomía. Las conversaciones se estaban llevando a cabo en un complejo detrás de una iglesia en la ciudad que estaba custodiada por tropas. Nadie usaba pañuelos zapatistas, pero de vez en cuando se veían algunos soldados caminando por las calles con equipo militar. Había graffitis zapatistas en muchas paredes. Y en mi camino hacia el huerto, casi todos los días veía a las tropas en camiones militares descapotables con ametralladoras listas para disparar.

Una tarde, al final de mi viaje, Karen y yo visitamos a la hermana de Francisco, Mercedes, en la pequeña tienda donde trabajaba vendiendo artefactos y ropa local. Nos llevó aparte y nos preguntó si nos gustaría asistir a un gran encuentro zapatista, o reunión, en una comunidad indígena esa semana. Más tarde supe que Mercedes era el webmaster de los zapatistas.

"¡Por supuesto!" Dijo Karen. Fui más cauteloso. Una parte de mí sentía curiosidad, pero otra parte de mí, la parte más racional decía: "¡Guau! Se acerca el final de mi estancia. Me duele la cabeza con todo este español. Me estoy poniendo nostálgico... ¿y si voy a este campamento revolucionario y me quedo atascado?". Pero Karen, Mercedes y Francisco me siguieron trabajando como la pesada bolsa de un boxeador. Esta es una oportunidad particular en la vida, dijeron y finalmente cedí. Pero para ver al subcomandante Marcos, no basta con subirse a un colectivo, dar tres pesos al conductor y ya. Primero tuvimos que doblar la esquina desde la tienda de ropa hasta una pequeña tienda de fotografía y tomarnos un par de fotos para pasaporte. Luego las llevamos a un edificio no definido en las afueras de la ciudad donde llené una solicitud para ser un "observador internacional".

A las siete de la mañana siguiente, Karen y yo recogimos nuestras credenciales laminadas y abordamos un pequeño autobús con otros veinticinco observadores. Nos convertimos en parte de un convoy de cuatro o cinco vehículos liderados por una camioneta. La camioneta se alejaba a la vista y luego bajaría la velocidad hasta que nos acercábamos y volveríamos a ponernos en marcha. Todo el tiempo nuestro conductor estaba en contacto con el conductor de la camioneta a través de una radio bidireccional. La camioneta estaba desempeñando el papel de un explorador para un tren de vagones, ya que pensaban que podría haber algún problema o acorralamiento por parte del ejército. Pero un par de horas en caminos semielaborados con curvas serpentinas transcurrieron sin incidentes.

La reunión se llevó a cabo en las afueras de la aldea de Oventic. Cuando nos bajamos de nuestro autobús, los zapatistas nos registraron buscando armas y alcohol, luego nos mantuvieron allí hasta que todos llegaron. Pudimos ver pinturas de las figuras revolucionarias Che Guevara, Fidel Castro y Lenin en el lado de la enfermería encalada. Finalmente, nos condujeron por un camino de tierra hasta donde los

50

zapatistas habían construido dormitorios y duchas para los aldeanos. Los hombres y los niños estaban a un lado del camino y las mujeres y las niñas al otro lado. Todos llevaban un pañuelo alrededor de la boca y la nariz, como si fuera parte de un uniforme. Fue atemorizante. Podíamos oír cantos ensordecedores de "¡Viva México! ... VIVA!" "¡Viva Marcos! ... VIVA!" "¡Viva Zapatistas! ... VIVA!" Caminar a través de la armazón de sonido fue abrumador y la emoción de la multitud era cruda, eléctrica.

Abajo, en la parte inferior de la colina, había un campo de béisbol donde las gradas estaban llenas de gente. En el jardín central había tres quioscos; en dos de ellos, dos bandas diferentes se turnaron para tocar música diferente. Cuando todos se instalaron en el estadio, los zapatistas salieron al centro y se unieron a algunas danzas indígenas. En el escenario central había varios comandantes vestidos con pasamontañas negros, incluida una mujer que dio una serie de discursos. No entendía mucho español. Pude captar palabras como fuerza, pueblo, pobreza y revolución, pero no mucho más. El subcomandante Marcos no estaba allí; él todavía estaba en San Cristóbal. Cuando terminaron los discursos, de repente, al unísono, los zapatistas se quitaron los pañuelos. Podías sentir que una sensación de alivio sopló entre la multitud como una ráfaga de viento. El contraste entre la intimidación implícita en los pañuelos y las caras amistosas comunes debajo era sorprendente. Redujo la distancia que sentíamos como observadores hacia los revolucionarios que teníamos frente a nosotros.

Pronto regresamos al autobús y nos dirigimos a San Cristóbal. En ese paseo animoso, pensé que este viaje estaba agregando un componente político a las circunstancias sociales y económicas que había visto en mi primer viaje a Chiapas un año antes. Me sentí identificado con el movimiento zapatista, con su trabajo de elevar a las mujeres, luchar contra el alcoholismo y defender los derechos de los indígenas. El gobierno mexicano no estaba escuchando los gritos de estas personas: alguien más tenía que hacerlo.

Lo que había presenciado era solo una parte más de la realidad de las familias productoras de café de esta región. Al regresar a Vermont, sentí que era un hombre diferente. Mi español finalmente fue lo suficientemente bueno para practicar; casi soñaba con eso. Ahora, más que nunca, me comprometí a ayudar a estas personas en sus luchas a través de mi trabajo en Green Mountain. El siguiente campo de batalla estaba en los árboles.

LA CONFERENCIA SOBRE AVES DEL SMITHSONIAN

A un mes de mi regreso, estaba de nuevo en el camino. Bob Rice, del Smithsonian, con quien trabajé en el Comité Ambiental de SCAA, me invitó a una conferencia de alto nivel en las oficinas del Centro de Aves Migratorias del Smithsonian en el Zoológico Nacional, en Washington, DC. La conferencia fue anunciada como el primer Congreso de Café Sostenible y atrajo a 300 personas de la academia y la industria del café. En las salas de reuniones del Centro, casi se podía oír a los pájaros gorjeando mientras científicos muy conocedores establecían una conexión convincente entre el café orgánico cultivado a la sombra, la sostenibilidad y la protección de varias especies de aves migratorias. Me di cuenta de que la destrucción de los árboles para producir "café bajo sol" también significaba la destrucción de las aves. La inexistencia de un hábitat significaba que no habría aves. Aquí había un cúmulo de información científica que aumentaba el atractivo del café orgánico, que casi siempre se cultiva bajo marquesinas de árboles de sombra amigables para las aves.

Lo que hizo que esto fuera importante para Green Mountain fue que el Vicepresidente de Operaciones Jon Wettstein también decidió asistir. Había desarrollado una reputación de defender causas progresivas; la gente esperaba que agitara esa pancarta. Pero Jon era la objetividad personificada. Un año antes, durante mi presentación al equipo ejecutivo sobre cafés orgánicos, había sido escéptico. Precisamente preguntó por qué necesitábamos más cafés en un momento en que estábamos buscando optimizar nuestras ofertas. Vino a la conferencia del Smithsonian para aprender sobre el café orgánico, y para tratar de entender por qué Bob y yo pensábamos que era hora de que formáramos parte de ese mercado. Jon escuchó las presentaciones y regresó más como un creyente. Tenía algunas reservas sobre cuánto podría aumentar las ventas una etiqueta ecológica, pero quedó impresionado por la ciencia. Rápidamente se convirtió en un aliado en la cruzada orgánica y fue muy influyente en la venta de la idea al resto de la compañía. La conversión de Jon validó mi idea sobre la creciente aceptación de la industria del café orgánico y no pude evitar sentirme reconocido.

Durante los próximos tres años, agregamos cinco cafés orgánicos a nuestra lista de ofertas. Unos años más tarde, cuando comenzamos a seguir el camino del Comercio Justo, aproximadamente el 80 por ciento de esos cafés ya estaban certificados como orgánicos. La combinación de certificaciones orgánicas y de Comercio Justo hizo que fuera más fácil construir nuestra línea de cafés; incluso sonaba bien, como una marca: "Comercio justo orgánico". Y nos daba la certificación de un actor externo para los aspectos ambientales y sociales de la producción de café. Con esos estándares reconocidos internacionalmente, nos preguntamos por qué conservar la etiqueta de marca del programa de Custodia de Café interno. El programa de Custodia de Café no tenía una aplicación coherente o estándares fijos que se aplicaban a todos. Era como un club; decidíamos si podías unirte y eso me puso nervioso. Además, era muy difícil explicar el programa de Custodia de Café en una estantería de supermercado y la etiqueta de la bolsa solo tenía espacio para el nombre del café y una breve descripción. Debido a la creciente demanda de todo tipo de productos orgánicos certificados, muchos consumidores tenían al menos algún conocimiento de lo que significaba ser orgánico y con el tiempo desarrollaron una comprensión similar de las certificaciones de Comercio Justo. Los logotipos de estas dos certificaciones ya eran reconocidos por muchos consumidores y facilitaban las decisiones de compra de una manera que nunca lo hizo nuestro programa de Custodia de Café. Esperaba que a medida que continuáramos cambiando y adaptándonos cambiarían también las condiciones que nuestros productores enfrentaban.

PERÚ: EL PRIMER FONDO DIRECTO

En diciembre de 1996 salí de Vermont con nuestra compradora Deb Crowther (su apellido de soltera era Randall) para visitar algunas fincas en Perú y México. En Perú debíamos visitar la finca donde se cultivaba nuestro café Peruano Orgánico Selecto (Organic Peruvian Select) y aprender cómo Green Mountain podría ayudar a estas comunidades agrícolas más allá de comprar café solamente. En los estados mexicanos de Veracruz y Oaxaca teníamos objetivos similares. Deb era la principal compradora de Green Mountain, pero ella no sabía español y en ese momento no se sentía cómoda viajando sola fuera de los Estados Unidos. Cuando me pidió que le acompañara, acepté gustosamente la oportunidad de ver otras partes de Latinoamérica y otros proveedores. Me encantaba viajar a lugares nuevos, aprender más sobre el café y practicar mi español. Durante semanas antes del viaje, sentí una creciente sensación de anticipación, particularmente con respecto a la etapa peruana de nuestro viaje. La información que se encontraba ofrecía advertencias regulares sobre la seguridad personal y el crimen y un amigo de otra compañía de café acababa de regresar de Perú e informaba que, durante un viaje en taxi, le habían robado una cámara mientras todavía colgaba de su cuello. Pero todos hablaron muy bien sobre la belleza natural del país.

A nivel nacional, la rebelión de Sendero Luminoso, aunque disminuida, seguía siendo una amenaza para el gobierno. Sendero Luminoso, era un grupo terrorista revolucionario maoísta de línea dura que lanzó una revolución violenta contra el gobierno peruano en 1980. Perpetuaron asesinatos generalizados de dirigentes sindicales y del gobierno y campesinos. La brutalidad de los métodos de Sendero Luminoso finalmente se encontró con una represión similar por parte del gobierno peruano, que capturó al líder de Sendero Luminoso en 1992. Parecía que los principales grupos rebeldes hubieran sido efectivamente desmantelados y la violencia se desaceleró.

Nuestro viaje fue organizado por Karen Cebreros. Nos encontramos con ella en Lima la noche de nuestra llegada y nos fuimos juntos antes del amanecer del día siguiente en una camioneta nueva Hyundai de diésel y alquilada. Tuvimos un viaje de nueve horas que nos llevaría a través de los Andes a 16,000 pies, a la aldea de Villa Rica en la cuenca del Amazonas. Después de dos horas, nos encontramos con nuestro primer puesto de control gubernamental. Los oficiales querían nuestras licencias y pasaportes. Luego volvieron a preguntarnos, cortésmente, si podíamos contribuir a un fondo para comprar un radio bidireccional. Con mucho gusto hicimos nuestra contribución, recuperamos nuestros pasaportes y seguimos adelante. La siguiente parada fue en un punto de control de fiebre amarilla, donde teníamos que mostrar nuestras tarjetas de inmunización contra la fiebre amarilla o ser vacunados en ese mismo momento. Veinte millas más allá, nos detuvimos en un puesto de control ocupado por más de una docena de soldados vestidos con uniforme de combate y con ametralladoras de tamaño Rambo. Algunos de ellos parecían más jóvenes que mi hijo Daniel, de catorce años. Mientras pedían nuestros pasaportes a través de una ventana, por la otra ventana, mujeres y niños ofrecían piñas, mangos y dulces para venderlos. A medida que continuamos por el accidentado camino de tierra, pasamos por varios nuevos y brillantes puentes colgantes construidos, dijeron nuestros guías, después de que los guerrilleros de Sendero Luminoso hubieran volado los originales.

Finalmente llegamos a Villa Rica, una ciudad con tres restaurantes chinos y un hotel. Las habitaciones estaban limpias y muy simples. No había toallas, ni papel higiénico, ni asientos de inodoro, pero sí muchas cucarachas grandes. A la mañana siguiente partimos a las cuatro para un viaje al pueblo de Sandana, donde conocimos a Pedro Coronado de una cooperativa familiar de café. Mientras caminábamos por la plaza de la ciudad, vimos un puesto policial que todavía estaba lleno de agujeros de bala. Sacos de arena rodeaban el edificio. Hubo un ataque de Sendero Luminoso en el puesto y seis personas murieron, incluidos dos miembros de la familia de Pedro.

Durante ese día visitamos la cooperativa de la familia Coronado y una finca, propiedad de Fortunato Navarro, un productor de café que coordinaba el transporte y la comercialización de otros agricultores, incluidos los Coronados. Estaba totalmente impresionado por el café. Tanto Navarro como Coronado usaron un fertilizante natural, muy rico en nitrógeno, llamado Guano de Isla. Está hecho de abono de aves de una isla frente a la costa peruana. Las colinas estaban cubiertas de saludables plantas de café con abundante fruta, que crecían bajo un dosel multinivel de una belleza asombrosa, tan exuberante, denso y sombreado que uno pensaría que las cerezas del café no podrían madurar. Lo hacen, aunque lentamente y por el sabor del café vale la pena la espera.

Navarro quería construir un nuevo beneficio húmedo, así como una central hidroeléctrica para alimentarlo y nos presentó un plan de negocios muy profesional. ¿Valía la pena financiar esto? Pensamos en ello como una inversión mutua en la región a través de una persona. Parecía tener una perspicacia comercial significativa. Si tuviéramos que apoyar un proyecto, queríamos que sea sostenible. Por ejemplo, en lugar de contratar una empresa de construcción para construir viviendas para trabajadores, tal vez algunos de los fondos podrían respaldar la capacitación y el equipamiento de una pequeña empresa de construcción local que podría construir la vivienda, hacer las renovaciones escolares necesarias y continuar utilizando sus habilidades para mejorar las instalaciones de la finca y la comunidad. Quizás algunos de los fondos que la compañía de construcción generaría podrían ayudar a comprar los despulpadores necesarios o un hidro generador. No vimos este proyecto como una obra de caridad, sino más bien como un programa que promovía la autoayuda. A las pocas semanas de mi regreso a Vermont, Navarro nos envió una propuesta completa con planos de ingeniería para lo que quería hacer. Costaría alrededor de $ 10,000. Era la primera vez que se nos pedía que realizáramos un proyecto directo a uno de nuestros orígenes de suministro de café. En ese momento, habíamos apoyado una serie de proyectos a través de Coffee Kids, pero este fue el primer proyecto para nosotros y el primero de muchos más por venir.

MÉXICO: SABOR Y FINANZAS

Nuestra próxima parada sería en Huatusco, México. Deb estaba buscando un café bueno, pero no excesivamente distintivo, que pudiera ser una base para nuestros cafés con sabor. Su sabor no debía abrumar o contrarrestar ninguno de los sabores que le agregábamos. Nos encontramos con Dave Griswold y Jorge Cuevas que tenían una compañía llamada Aztec Harvest Coffee Company (ahora conocida como Sustainable Harvest Coffee Importers), que comercializaba un puñado de cafés mexicanos cultivados por cooperativas, y condujimos hacia Huatusco. A medida que avanzábamos hacia el norte, a un lado de la carretera había una finca de café orgánico donde los árboles y los arbustos bajaban al borde de la carretera en una exuberante profusión. En el otro lado había hileras de plantas de café jóvenes en hileras claramente parejas, sin árboles a la vista. Paramos el auto y salimos. Donde el café se cultivaba bajo sol, se podía ver la erosión. No había una brizna de hierba a la vista, por lo que los herbicidas habían dejado la tierra expuesta y había áreas donde se había arrastrado hasta la zanja al borde de la carretera. Esto contrastó significativamente con las condiciones en el otro lado de la carretera, donde se cultivaba el café orgánico. Aquí la vegetación era exuberante y estable.

Lo que era más sorprendente fue el contraste en los sonidos. En la finca orgánica había una cacofonía de pájaros chillando y gorjeando en medio de la sombra. Al otro lado del camino a pleno sol solo había silencio. Toda la experiencia fue exactamente como lo describieron las personas en la conferencia de aves del Smithsonian. El fuerte contraste entre la sombra y el café bajo sol no podría haberse hecho más visible o más audible.

Llegamos a la ciudad de Huatusco a media tarde e inmediatamente fuimos a la planta de beneficio o procesamiento de café. Nuestro guía turístico fue el gerente Francisco Mora Miranda. Había trabajado en el beneficio durante treinta y seis años.

Esta planta empleaba a veinticinco personas durante cinco meses cada año y solo cinco empleados a tiempo completo los siete meses restantes. El beneficio transformaba el café de "cereza a oro" en sesenta horas, es decir, de ser cerezas recién recolectadas con granos de café en sus centros hasta convertirlos en granos "verdes" listos para exportar y tostar. Esta era la primera vez que miraba los procesos húmedos y secos juntos en el campo. El beneficio de Huatusco procesaba un promedio de 62,000 bolsas al año. Cada bolsa pesa 132 libras y 250 bolsas llenan un contenedor de envío marítimo. Eso es casi 33,000 libras de café verde. Para llenar seis contenedores para Green Mountain, la cooperativa necesitaba 1.500 bolsas de café verde. La producción de ese año cayó un 30-50 por ciento, dependiendo de la zona. Algo de esto estaba relacionado con el clima; sin embargo, gran parte fue cíclica y debido a la fuerte cosecha del año pasado. Esta es la maldición histórica de la industria del café: auges y caídas en la producción.

Tuvimos una reunión con Josafat Hernández González, el gerente general de la planta. En esta reunión discutimos la estructura y función de la cooperativa, la cosecha del año, el financiamiento a corto plazo de la cooperativa, los precios y lo que estábamos buscando de Huatusco. En ese momento, la cooperativa Huatusco tenía más de 1,800 miembros con 1,200 agricultores adicionales conocidos como libres, que estaban tratando de convertirse en miembros. La finca de tamaño promedio en la cooperativa era de 2.2 hectáreas (5.4 acres) y en general producía poco más de una tonelada de café verde.

A los productores no les pagaban completamente hasta que su café era vendido. Los miembros de la cooperativa no tenían acceso a cooperativas de crédito; sin embargo, la cooperativa pagaba por adelantado a los productores una parte de lo que les debía. Esto se hace para ayudar a mantener a raya a los coyotes. Los coyotes son individuos que ofrecen comprar café a los caficultores durante los tiempos de escasez, cuando se encuentran en una posición vulnerable, a veces 30-40 por ciento por debajo del precio del mercado; a regañadientes, los productores a menudo tienen que vender su café para sobrevivir.

En ese momento, la cooperativa tenía financiamiento a corto plazo, de tres a cuatro meses, a una tasa de interés del 20 por ciento. En dólares estadounidenses, podrían obtener una tasa de interés del 11 por ciento, llevando su tasa de interés promedio al 17 por ciento. Si bien la tasa de interés en dólares estadounidenses fue significativamente menor, también era más riesgosa según Jorge, debido al potencial de la devaluación. Jorge y otros miembros de la cooperativa dijeron que el gobierno había anunciado que planeaba una devaluación del 50 por ciento para enero de 1997. Para que Green Mountain obtuviera un segundo pedido de seis contenedores de café ese año, el financiamiento tenía que ser concertado para febrero. Josafat buscó la asociación de Green Mountain, un banco mexicano y Sustainable Harvest para encontrar una solución al financiamiento.

Al final de nuestra reunión, Josafat dijo que esta era la primera vez en la historia de la cooperativa que los costos y los precios entre todas las partes involucradas se hicieron transparentes. A la cooperativa le gustaba este enfoque abierto y honesto. Un agricultor de la junta de la cooperativa comentó: "Nos da más confianza en a quién nos enfrentamos".

Después de un recorrido por el beneficio, Dave, Deb, Jorge y yo nos unimos al equipo de control de calidad de la cooperativa durante un día completo de catación de cafés. Primero, especificamos las características del café que Deb buscaba utilizar para nuestros cafés con sabores: baja acidez y consistencia. Luego pasamos por más de veinte muestras hasta que encontramos un café que le gustaba a Deb. Al final, alguien abrió una botella de tequila para celebrar. La identificación de este café rendiría dividendos significativos a lo largo de los años tanto a la cooperativa en Huatusco, como a Dave Griswold y su floreciente nueva Sustainable Harvest Coffee Company a y Green Mountain Coffee Roasters.

Esa noche, caminamos hacia el centro de la ciudad para visitar la relativamente animada ciudad cafetera de Huatusco. Era la Fiesta de la Virgen de Guadalupe, una fiesta religiosa mexicana celebrada tanto en la iglesia como en las calles con comida, música y baile. Las calles estaban llenas de vendedores de comida, bandas, bailes y decoraciones. Todos los hogares y negocios tenían en exhibición un hermoso santuario en honor a la Virgen. Casualmente, la principal iglesia ceremonial de Huatusco recibió el nombre de la Virgen de Guadalupe, por lo que el festival tuvo un poco más significado aquí. Para llegar a él, caminamos por un camino de tierra difícil en la oscuridad, empinado a veces, con muchas otras personas subiendo y bajando. Cuando nos acercamos a la cima de la colina, la multitud era más grande. La iglesia blanca con adornos azules estaba adornada con coloridas serpentinas que venían de todas partes de la cima de su campanario. El interior estaba bellamente decorado con colores brillantes y muchas flores. Miles de personas rodearon el exterior de la iglesia celebrando. Por encima de nosotros, estrellas fugaces cruzaban el cielo. Cuando finalmente llegamos a nuestro hotel alrededor de las 2 a. m., Los fuegos artificiales aún sonaban en la distancia. Había sido un día glorioso.

UN MOMENTO DEFINITIVO

Dos días después volamos a la costa del estado mexicano de Oaxaca. Jorge Cuevas y su jefe en ese momento, Paco Zavaleta, nos encontraron allí. Desde la costa, condujimos hacia lo alto a las montañas de la Sierra Madre del Sur a una aldea cuyos miembros pertenecían a la Cooperativa La Trinidad. El pueblo era Lagunilla, una comunidad zapoteca. Era muy primitivo en la producción y procesamiento del café, pero fue una gran oportunidad para ver el cultivo y proceso del café desde cero. También fue una fuente creciente de café para Green Mountain y una fuente que también producía café orgánico certificado. Mientras estábamos en las montañas, recibimos una mejor comprensión del proceso de beneficiado húmedo básico pero efectivo a nivel de finca, que incluyó ver a un caficultor lavar los granos despulpados a mano para eliminar el resto del mucílago. Al lado del albergue donde íbamos a pasar la noche había una cancha de baloncesto utilizada durante la temporada de cosecha como un patio de secado.

En la ruta para ver otros beneficios húmedos, pasamos por una pequeña choza de barro donde una mujer esbelta con un vestido blanco estaba en la entrada, un niño de dos años estaba de pie agarrándose a su pierna. Ella saludó con la mano, pero el chico era demasiado serio para eso. Miré hacia dentro de la vivienda de una habitación. No se veía un solo de mueble en el piso de tierra. Después de ver el lavado y secado del café en el beneficio húmedo, caminamos de regreso y la mujer estaba parada casi en el mismo lugar. En un brazo sostenía a su pequeño hijo y en el otro, un manojo de plátanos. Cuando pasamos junto a ella, extendió su brazo con los plátanos y nos ofreció uno a cada uno de nosotros. Me conmovió tanto que apenas pude decir "Gracias". Esta mujer que tenía tan poco tuvo la generosidad de ofrecernos lo que podía. Los que tienen menos, siempre parecen dar más. Ella me hizo sentir gran humildad y me inspiró.

Cuando volábamos a los Estados Unidos al día siguiente, estaba listo para saltar de los bloques. Estaba emocionado por lo que había aprendido sobre las cooperativas y el procesamiento de café a pequeña escala. Me emocioné más al ver más caras de café. No tenía mucho de haber regresado a Waterbury antes de enterarme que el café que habíamos pedido a Perú meses atrás todavía estaba en un remolque de patio. Algunos de nosotros habíamos estado entusiasmados con este nuevo producto y su certificación orgánica; sin embargo, claramente no todos lo estaban. Esto fue frustrante en varios niveles. Primero, estaba preocupado por la calidad del café, que ahora había estado expuesto a grandes oscilaciones de temperatura y humedad. Tampoco podía entender por qué dejábamos que este café se quedara en un contenedor cuando debíamos tostarlo y venderlo. Me sentía ansioso y decepcionado. Me ilusionaba ayudar a promover los cafés orgánicos, pero estaba atrapado en una oficina escribiendo comunicados de prensa sobre nuevos cafés con sabores y otros eventos que simplemente no me parecían tan importantes.

Quizás Green Mountain no tomaba tan en serio el café orgánico, después de todo. Esta duda me llevó a pensar nuevamente en la creación de mi propia compañía de café orgánico. Consulté con una firma de contabilidad. Desde allí fui a la Administración de Pequeñas

Empresas por un borrador del plan de negocios. Me lo llevé a casa y empecé a llenar los cuadros. Incluso comencé a buscar un socio. ¿Quién más dentro o fuera de Green Mountain podría unirse a mí? Comencé internamente con un par de personas que pensé que podrían estar interesadas en algún tipo de asociación. En la primavera de 1997, comencé a hablar con Mane Alves, quien estaba comenzando una pequeña compañía de tostado para complementar su consultoría de café. Hice una lluvia de ideas sobre algunos nombres, como "Just Coffee" para sugerir un fuerte trasfondo social. Soñé con los tipos de cafés que vendería. Incluso exploré los quioscos de café espresso drive-up tan populares en el noroeste del Pacífico.

A veces, sin embargo, el péndulo de la emoción se balanceaba en la dirección opuesta. Tal vez este no era el momento de saltar a otra aventura. Mis hijos estaban en sus primeros años de adolescencia y tendría costos universitarios pronto. Sabía que Jan me habría apoyado si hubiera dado este salto, pero no estaba loco por depender de un solo ingreso estable durante los años iniciales. Entonces, un día a principios de 1997, meses después de que había llegado, el contenedor de café orgánico peruano salió del muelle para el tostador. Además, el nuevo vicepresidente de marketing, Bill Prost, me dijo que las tiendas de comestibles no querían solo una oferta orgánica; querían una buena selección para ofrecer a sus clientes. Green Mountain necesitaba una línea de al menos cinco o seis cafés orgánicos, incluido un descafeinado, tal vez incluso un café orgánico aromatizado.

Al principio no podía creer lo que Bill estaba diciendo. El gran superpetrolero que yo había estado tratando de empujar lentamente para tomar una nueva dirección de repente giró 180 grados. No podría haber estado más feliz, porque comencé a pensar que podía hacer más por los productores como miembro del superpetrolero Green Mountain de lo que podía hacer en mi propio bote de remos, a pesar de lo ágil y comprometido que pudiera ser el barco más pequeño. Este camión cisterna parecía que estaba tomando impulso hacia el próximo destino: Comercio Justo. Dejé de lado mis planes de negocios y me concentré en ayudar al tanque a avanzar en su nuevo curso.

CAPÍTULO CUATRO

El Comercio Justo llega a Green Mountain

La primera vez que escuché sobre el Comercio Justo, entró por la puerta. En una tarde gris de invierno en diciembre de 1990, la recepcionista me llamó. Ella me dijo que un tipo llamado Rink Dickinson de Equal Exchange en Boston quería hablar con alguien. Normalmente Dan Cox, como gerente de ventas, manejaría tales visitantes, pero Dan no estaba. Rink Dickinson era alto, delgado y rubio. Él era intenso, pero amigable de forma discreta. Él explicó que estaba en su camino de regreso a Boston, venía de una reunión en Canadá. Describió cómo él, Jonathan Rosenthal, y Michael Rozyne habían fundado Equal Exchange como una cooperativa, similar a las cooperativas de las que compraban café. Querían proporcionar café tostado de alta calidad en un extremo de la cadena de suministro y salarios dignos y mayor control económico para los productores en el otro extremo.

En el caso del café, el principio era proporcionar precio mínimo garantizado para los agricultores que actuaba como una red de seguridad cuando el precio mundial cayera por debajo de eso. Las prácticas de comercio justo proporcionaban a los productores un precio mínimo base y una pequeña "prima social" por libra y decidían cómo usar ese dinero de la prima social en su asamblea general anual. Por lo general, se utiliza en los programas sociales dentro de la cooperativa o comunidad, como proporcionar becas, construir clínicas o escuelas, construir caminos, etc. Los productores podían hacer lo que querían con esta prima siempre y cuando tomaran la decisión democráticamente.

Con uno de sus primeros productos, Equal Exchange había elegido la controversia sobre la comodidad. Para mostrar su solidaridad con la revolución nicaragüense y para protestar por las políticas comerciales estadounidenses, hicieron su primera importación de un café que llamaron "Nica Café". Mientras que la Administración Reagan estaba boicoteando a todos los productos nicaragüenses, Equal

Exchange encontró una laguna en la ley que permitía importar café de Nicaragua tostado en un tercer país.

Le dije a Rink que me identificaba con el concepto de pagar a los productores un precio justo por su café. ¿Por qué no querrías hacer eso? Pero nada resultó a lo inmediato de nuestra reunión y pasaría una década antes de que Green Mountain firmara su primer contrato de comercio justo. En retrospectiva, sin embargo, Rink Dickinson puso el comercio justo en mi "mapa".

CONSPIRANDO EN SCAA

En los siguientes años, el concepto de comercio justo comenzó a aparecer modestamente dentro de la industria del café especial. Había algunos artículos en la prensa de comercio de café. En la Asociación de Cafés Especiales de América (SCAA) reuniones, algunos de los primeros defensores del comercio justo llegaron para agitar la bandera. Ellos fueron muy discretos. Ni siquiera tenían dinero suficiente para alquilar un stand; compartieron una mesa con varias otras organizaciones. Poco a poco miembros del ala progresiva de la industria comenzaron a discutir la idea. Paul Katzeff de Thanksgiving Coffee, Monika Firl, Kimberly Easson y yo estábamos entre las personas que estaban interesadas en comenzar y continuar una conversación sobre comercio justo. Nos reuniríamos después de las horas de la conferencia en salas de reuniones vacías porque no teníamos dinero para alquilarlas durante el día. Las discusiones se extendieron ampliamente ya que no había una teoría unificada o práctica de comercio justo. En ese momento, el comercio justo apenas estaba en el radar de la industria. Diferentes grupos fueron desarrollando sus propias reglas. Nuestras discusiones eran más como un seminario universitario o una sesión especuladora que un comité redactando una legislación. Éramos solo un pequeño grupo de menos de treinta defensores que querían mantener la idea viva.

LA "SONRISA" DEL COMERCIO JUSTO

En 1996, vi el rostro del café de comercio justo por primera vez. En el penúltimo día de mi estadía de un mes en Chiapas, México, Karen Cebreros, Francisco Osuna y yo tomamos un automóvil prestado y fuimos a la ciudad provincial de Comitán. Fue un viaje agradable a través de ásperos pinos y tierras de pastoreo, marcado por un par de bases del ejército que desempeñaron un papel durante la rebelión zapatista. Nuestro destino era la cooperativa de café Los Lagos de Colores, donde Karen estaba interesada en comprar café orgánico certificado de Comercio Justo. Mientras conducíamos, ella describió el comercio justo en el idioma de un evangelista.

"Básicamente, el comercio justo tiene el mismo efecto en las condiciones socioeconómicas que el efecto de lo orgánico en la plantación y el procesamiento. El comercio justo tiene un precio garantizado para ayudar a los agricultores a pagar un salario digno y les permite reinvertir en su finca, incluyendo el suelo, que es la fuente de un buen café. El comercio justo alienta cooperativas democráticamente dirigidas, contabilidad transparente y condiciones de trabajo humanas", afirmó.

"Tiene mucho sentido para mí", respondí.

La comunidad que estábamos visitando estaba ubicada a orillas del mágicamente colorido Lagos de Montebello. Un productor nos dirigió a la casa del presidente de la cooperativa, una casa de cemento de una sola planta que parecía desocupada.

Francisco gritó "¡Hola!" Momentos después el presidente se llegó hasta nosotros en la puerta de entrada y nos invitó a pasar. Tenía una sonrisa maravillosa que nunca desapareció su cara. Después de una breve bienvenida y una oferta de refrescos a todos, explicó la organización y habló de cómo esperaba mejorar la vida de los productores de la cooperativa a través del comercio justo. Él nos mostró un libro sobre cultivo de café orgánico que la cooperativa acababa de publicar. Le pregunté si podía comprar una copia y él dijo que sí y autografió la portada. Mientras hablábamos con el presidente y varios miembros de su junta, la puerta de entrada estaba abierta, dando acceso libre a los pollos para entrar. Incluso después de veinticinco minutos, la sonrisa del presidente no disminuyó. Nos pusimos un poco nerviosos. ¿Era esta solo la forma de su rostro, o le pasaba algo, me preguntaba? Finalmente, Karen habló y le preguntó por qué estaba sonriendo tanto. "Porque, -dijo él- y su sonrisa se hizo aún más amplia, ¡" acabamos de vender nuestra primera carga de contenedores [33,000 libras] de café de Comercio Justo a un comprador en Holanda!"

Esa sonrisa permaneció conmigo durante el resto del viaje, una "cara" emblemática de Comercio justo.

¿UN CÓDIGO DE CONDUCTA PARA EL CAFÉ?

A fines de los años 90, la industria del café estaba atrapada en otra controversia relacionada con las condiciones de trabajo y los salarios de mano de obra para el mundo en desarrollo. Los activistas laborales estadounidenses primero se enfocaron en compañías de zapatos como Nike, compañías de ropa como The Gap y Kathy Gifford y compañías de alimentos como Chiquita (United Brands) con piquetes y protesta pública. Estos activistas exigían que las empresas estadounidenses acordaran un código de conducta para sus operaciones de fabricación en el mundo en desarrollo. En la industria del café, el Programa de Proyectos de Educación Laboral en las Américas de los Estados Unidos (USLEAP) y otros fueron tras Starbucks, no porque fueran los peores, sino porque eran los más grandes y conocidos, y estaban en su camino en cada esquina en Seattle, la base de Starbucks.

Bajo presión, Starbucks acordó un código de conducta. Quizás en respuesta a la movida de Starbucks, Bob Stiller y Susan Williams me piden investigar y redactar un código de conducta para Green Mountain. No quería reinventar la rueda. Primero miré los principios generales de nuestra línea de Custodia de Café. Miré lo que Starbucks había hecho. Luego hablé con la gente en otras industrias para ver por qué habían desarrollado códigos y qué funcionó para ellos. Me puse en contacto con Steve Coats de USLEAP. Hablé con personas de Levi Strauss y The Gap, así como con el sindicato de Trabajadores de Ropa Amalgamados de Estados Unidos. Todos fueron extremadamente serviciales. Se ofrecieron para revisar cualquier borrador que desarrolláramos.

Las preguntas fueron directas. "¿De quién quieres comprar y ¿De quién no quieres comprar y por qué? ¿Cómo están tratando a sus trabajadores? ¿Cuál es la forma de propiedad y dirección? ¿Dónde estableces el límite entre los que comprarías y los que no comprarías?" Ese era la línea de fondo. No fui tan lejos como para desarrollar una lista. Yo quería ver lo que nuestro equipo mayor pensaba antes de dar ese paso. No quería sacar mi cuello y que rechazaran mi trabajo de entrada. Cuando le informé a Susan que yo había completado la parte de investigación de mi tarea, ella me pidió que hiciera una presentación al grupo de altos directivos para medir su compromiso y obtener un sentido de dirección.

Entré en la sala de conferencias con el equipo de altos directivos. Este era el mismo grupo con el que había hablado de café orgánico el año anterior. Ellos se sentaron alrededor de la misma larga mesa de conferencias de madera, conmigo en un extremo. Yo comencé con una pregunta: "¿Cuál es su idea de un código de conducta?" Silencio. Entonces Pregunté: "¿Cómo se vería tu código de conducta?" Silencio. Lo intenté de nuevo. Me volví hacia la pizarra detrás de mí. "Supongamos que esta esquina inferior izquierda es donde estamos ahora. Entonces díganme a grandes rasgos qué estaría en la parte superior ¿esquina derecha? ¿Cómo le gustaría que se vea un código completamente desarrollado? ¿Qué significará esto para la compañía y nuestros proveedores? Hubo un silencio mortal. Dejé que se demorara. No intenté auxiliar su incomodidad. Ni una palabra. La gente miraba hacia otro lado, o miraron a Bob. Él no dijo nada. Yo expliqué que, para poder avanzar en el desarrollo de un código, necesitaba saber cuál era la visión del éxito, incluso en términos generales; de lo contrario, ¿cómo sabríamos cuándo habíamos llegado a nuestra meta? Fue entonces cuando me di cuenta de que esto no iba a funcionar. Me había tomado alrededor de diez minutos explicar lo que había hecho. Yo quería orientación, pero no pudieron proporcionarla. Creo que cuando los miembros del equipo se reunieron para escuchar mi presentación, o no sabían mucho sobre los códigos de conducta, o no estaban muy interesados en desarrollar uno. Cuando el mismo Bob no parecía seguro de cómo seguir adelante, estaban reacios a arriesgarse.

Fue una pena. Un código de conducta nos hubiera ayudado a definir el tipo de compañías con las que queríamos tratar. Podríamos haberlos alentado hacia mejores prácticas y mejores relaciones con sus trabajadores. Podríamos haber incorporado algunos de los ítems de la lista de verificación del programa de Custodia de Café. Nosotros regularmente buscábamos la opinión de los productores a través de un proceso continuo de preguntas y evaluación como una forma de seleccionar cafés para la designación de "Custodia de Café". Incluso aunque parecía que simplemente no había apoyo o interés real en construir un código de conducta en nuestro modelo de negocio en el momento, la idea de comercio justo se mantuvo rodando en la parte posterior de mi cabeza.

TRANSFAIR USA Y GREEN MOUNTAIN

En 1998, se fundó TransFair USA para promover todos los productos de Comercio Justo en los Estados Unidos. Estaba relacionado con el nuevo etiquetado de comercio justo de Organizaciones de Certificación Internacional de Comercio Justo (FLO) basado en Europa y se convertiría en responsable de actividades promocionales y monitoreo de Comercio Justo dentro de los Estados Unidos. Ese mismo año, TransFair USA comenzó a promover específicamente la certificación de Comercio Justo para el café. En el verano de 1999, Kimberly Easson, que entonces trabajaba para TransFair USA, se ofreció para visitar Green Mountain Coffee Roasters y dar una charla sobre Comercio Justo. Acepté organizar una reunión y alenté a la gente a asistir. Sin embargo, dada la reacción que había recibido del equipo de altos directivos sobre mi propuesta de código de conducta, no estaba muy optimista.

Invité a veinticinco personas, incluido Bob. Quince personas vinieron de varios departamentos. Kimberly dio una excelente charla sobre cómo el Comercio Justo benefició a los productores con un mejor precio durante los tiempos difíciles. Ella sugirió que, al comprar café de Comercio Justo, Green Mountain podría ser un líder en el mercado tanto en la costa este como a nivel nacional. Cuando Kimberly terminó, ella comenzó a decir: "Si Green Mountain Coffee Roasters decide involucrarse con el Comercio Justo ... " pero Bob, que había permanecido callado durante toda la presentación, la interrumpió. De repente golpeó la mesa con el puño y dijo: "Haremos Café de Comercio Justo". Todo el mundo estaba un poco sorprendido. Fue una reacción fuerte poco característica de Bob. Tal vez esto no sería tan difícil de vender para el resto de la compañía después de todo, pensé; de repente, estaba muy animado. Sin embargo, cuando llegué a la próxima reunión del Equipo de Café interdepartamental varias semanas más tarde, mi entusiasmo recibió una ducha fría. A medida que los pocos nuevos defensores de Comercio Justo comenzamos a presionar por un compromiso de compras, el departamento de ventas retrocedió.

Para entonces, Green Mountain había vendido las tiendas minoristas. Solo teníamos una pequeña presencia minorista basada en la web. Nuestros cafés orgánicos eran todavía un pequeño porcentaje de nuestras ventas., Green Mountain había vendido las tiendas minoristas. Solo teníamos una pequeña presencia minorista basada en la web. Nuestros cafés orgánicos eran todavía un pequeño porcentaje de nuestras ventas. En general, se podía encontrar cafés orgánicos y de comercio justo en tiendas de alimentos saludables y tiendas especializadas, no supermercados convencionales. La primera queja del equipo de ventas fue que no había suficiente movimiento con los cafés orgánicos. ¿Por qué deberíamos comenzar a empujar el Comercio Justo? Steve Sabol, quien era el vicepresidente de ventas de Green Mountain, estaba justamente preocupado por el impacto en nuestros márgenes de ganancia. ¿Por qué deberíamos promover el café de Comercio Justo si tenía un efecto negativo en nuestra rentabilidad? La única forma en que podríamos construir el volumen, Steve argumentó correctamente, era poner café de Comercio Justo en los supermercados.

Y la única forma de aumentar el volumen dentro de los supermercados era ponerles precio a estos cafés para poder colocarlos en los estantes de autoservicio que eran tan visibles a los compradores. Por lo general, había seis u ocho contenedores de cafés tostados donde los compradores podían servirse por sí mismos. Todos estos cafés tenían el mismo precio para eliminar cualquier confusión en la caja registradora. Para ser colocado en estos contenedores, los cafés de Comercio Justo deberían tener el mismo precio que nuestras mezclas regulares, incluso aunque nos costaran más.

Otra preocupación que expresó el equipo de ventas fue que ya teníamos cafés del programa de Custodia de Café en algunos supermercados que venden a precios variables. Algunas personas como Steve argumentaron que tener otra etiqueta en las bolsas confundiría a los clientes. Además, si queríamos obtener dinero extra para los productores, ¿por qué no simplemente darles el dinero directamente y no pasar por TransFair? Mi respuesta fue que deberíamos ayudar a construir esta marca y etiquetarla como Comercio Justo, no solo para nosotros sino también para la industria en general. Deberíamos hacerlo porque era lo correcto para los caficultores y para Green Mountain. Repliqué que deberíamos tener una perspectiva a largo plazo. No deberíamos ingresar a un programa porque se ve bien este año y luego abandonarlo el siguiente cuando vemos que a la gente podría dejar de interesarle. Por otra parte, necesitábamos relaciones a largo plazo para proteger nuestro suministro de café de alta calidad. La única forma en que podíamos depender de recibir alta calidad era proporcionar a los agricultores un precio que les permitiera atender las necesidades de sus familias e invertir en su tierra. El comercio justo era, a largo plazo, lo mejor para la empresa, el consumidor y el productor.

NEGOCIACIÓN DE UN CONTRATO DE COMERCIO JUSTO

A fines de marzo de 2000, estaba en Oaxaca, México, participando en una conferencia sobre el café cultivado bajo sombra organizado por la Comisión para la Cooperación del Medio Ambiente (CEC por sus siglas en inglés) en un esfuerzo por monitorear los impactos ambientales del Tratado de Libre Comercio de América del Norte (TLCAN). Después del desayuno una mañana, Sue Mecklenberg de Starbucks me preguntó si sabía que el grupo activista Global Exchange estaba planeando manifestarse contra Starbucks en la próxima conferencia de SCAA en San Francisco en pocas semanas porque la empresa no había firmado un acuerdo de Comercio Justo.

"No", dije en blanco. Ella continuó diciendo que Starbucks estaba preocupado porque se diera una repetición de la violencia dirigida contra sus tiendas en las protestas de Seattle contra la Organización Mundial del Comercio solo cuatro meses antes. ¿Qué estaba haciendo Green Mountain sobre el comercio justo? ella quiso saber. Le comenté que nosotros estábamos contentos con el concepto y esperábamos firmar un contrato con TransFair en algún momento ese año. Diez días después, supimos que Starbucks había firmado el acuerdo de licencia de comercio justo. Tal vez ellos no querían estar fuera de nuevo. En la primavera de 2000, el Comercio Justo finalmente obtuvo una amplia aceptación entre los ejecutivos de Green Mountain. Justo antes de la conferencia anual de la Asociación de Cafés Especiales de América en abril de 2000, el Equipo de Café nos instruyó a Jon Wettstein y a mí firmar un acuerdo de licencia con TransFair Estados Unidos. Lo mantendríamos modesto, apuntando a un objetivo de compra y venta de aproximadamente 300,000 libras de café de Comercio Justo, o 3 por ciento de nuestras compras totales ese primer año.

Nuestro encargo era reunirnos con Paul Rice, director ejecutivo de TransFair EE.UU., durante la conferencia de SCAA y firmar el acuerdo. Ya conocía a Paul de varias oportunidades anteriores durante las reuniones de SCAA. Él estaba a comienzos de sus 30 años. Había ido a Yale y luego se fue a Nicaragua a trabajar en el norte en el medio de la Guerra Contra. Paul finalmente vivió un total de once años en Nicaragua. Allí ayudó a establecer PRODECOOP, una gran cooperativa de comercio justo, con sede en Estelí, Nicaragua. Me agradaba.

Jon y yo hicimos una cita para almorzar con Paul y Kimberly Easson durante la conferencia en San Francisco con la intención de firmar el acuerdo de licencia en ese momento. Hablamos sobre la industria y el comercio justo en general durante una comida agradable. Mientras comíamos, seguí esperando que Jon dijera "vamos a hacer un trato." Pero él no lo mencionó. En el camino de regreso al centro de conferencias después del almuerzo, le pregunté a Jon por qué no habíamos discutido el acuerdo. Él dijo que había ciertas partes con las que aún no se sentía cómodo. ¿Qué son? Pregunté. Pero él no diría. Me decepcionó, pero pensé que esperaría un tiempo y obtendría mi respuesta eventualmente.

Después de la conferencia, volví a mi oficina y me sumergí en mi otro trabajo. Una semana más tarde, fui a informar a Kevin McBride, el vicepresidente de marketing y a mi jefe. Le pregunté si por casualidad había firmado el contrato. No, pero tal vez Jon Wettstein sí. Dijo que Paul Rice había estado llamándolo o a Jon casi todos los días. "¡Vamos a llamar a Jon!", Dijo. Así que llamamos a Jon desde el altavoz de Kevin. "Tengo a Rick aquí y estamos tratando de entender a Paul. ¿Te ha llamado desde que regresaste de SCAA?

"Sí, Sí. Es la misma vieja historia. Paul quiere que hagamos más del 3 por ciento".

Era cierto que Paul había estado presionando a Green Mountain para que se comprometiera a comprar el 5 por ciento de nuestras compras de café bajo términos de comercio justo. Ambos Jon y Kevin pedían un máximo del 3 por ciento, para ver cómo funcionaría. Dije que pensaba que Paul podría vivir con las 300,000 libras. Después de todo, estábamos ofreciéndole algunas otras cosas además del peso en libras. Entonces, de la nada, Jon dijo: "Rick, ¿por qué no negocias este acuerdo?".

Respiré profundo. "Está bien, dije, pero ¿cuáles son los parámetros? ¿Qué es no negociable? "La conclusión para Kevin y Jon fue del 3 por ciento (300,000 libras). Confiaron en mí para resolver el resto. Entonces llamé a Paul para decir que Jon y Kevin me pidieron que completara este contrato de licencia de Comercio Justo. Yo no estaba llamando para regatear con él: en términos de peso, 300,000 era nuestra oferta final para ese año. Pero estábamos viendo a largo plazo. Esta no era una situación de "certificación del mes", sino un compromiso a largo plazo que queríamos construir. Entre las cosas que planeábamos hacer para mostrar nuestro compromiso era volver a pintar y volver a lanzar nuestra cafetería sobre ruedas ("el Buzz-móvil") como un "Comercio Justo-móvil". Lo llevaríamos a ferias y eventos en Nueva Inglaterra, como el maratón de Boston. Lo llevaríamos hasta Florida para el triatlón Ironman y otras grandes reuniones, donde daríamos café de Comercio Justo y contaríamos la historia de por qué es importante.

Hubo una pausa larga en el teléfono. Entonces Paul dijo: "De acuerdo, si escribes esa lista y me la envías", dijo," la firmaré". Estuvimos hablando por teléfono por menos de una hora y teníamos un acuerdo. En cuestión de días, Kevin, Jon y Paul habrían firmado el acuerdo. Me sentía muy bien; esto fue un gran avance. Tuve una sensación de cerrar el ciclo. Me alegré de haber podido concretar el trato. Sentí un vínculo con Paul, también, porque yo no estaba pidiendo nada más de lo que había sido discutido antes. Hice hincapié en los factores a largo plazo y fue suficiente para él. En este trato ambos nos beneficiábamos. Instantáneamente nos convertimos en uno de los clientes de café más grandes de TransFair Estados Unidos. Nuestro acuerdo también le dio a TransFair un gran impulso a su estatus en la industria.

Al final resultó que, compramos casi 600,000 libras de café de Comercio Justo ese primer año, pues agregamos casi 300,000 libras de café de Huatusco, México al total. Durante cuatro años habíamos estado comprando café de esta Cooperativa mexicana pero no bajo términos de Comercio Justo. ¿Cómo podríamos ayudarlos en esta crisis del precio del café? Jon Wettstein sugirió que debido a que Huatusco tenía la certificación de Comercio Justo, deberíamos simplemente comprar su café en términos de Comercio Justo, lo cual hicimos. Fue un gran cambio para Green Mountain. Nos estábamos comprometiendo nosotros mismos a pagar al menos el precio de Comercio Justo, independientemente del precio de mercado. Pero era lo correcto para los productores y en ese año duplicamos nuestros volúmenes de café de Comercio Justo.

EMPUJANDO EL COMERCIO JUSTO DENTRO DE LA COMPAÑÍA

Una vez que se firmó el contrato con TransFair, Kevin convocó a la diseñadora gráfica Cate Baril y a mí para hacer el trabajo pesado de promoción. Ya que éramos los defensores más fuertes dentro de la compañía en ese momento, nos convertiríamos en los gerentes del proyecto adjunto de Green Mountain para introducir el Café de Comercio Justo "Haz lo que quieras, pero no olvides tus trabajos diarios", dijo Kevin.

En los tres años que ella había trabajado para Green Mountain, Cate se había interesado apasionadamente por los productores que cultivaban nuestro café. Al igual que yo, a ella le gusta correr. Como estábamos en el mismo edificio de oficinas, comenzamos a salir a mediodía a correr a lo largo del río Winooski. Después que las discusiones sobre música, entrenamiento y el clima se volvían aburridas, volvíamos a los orígenes. Le comenté sobre los viajes que había hecho a Centro y Sudamérica y sobre mi estudio del idioma español y cómo estas experiencias habían energizado mi trabajo en Green Mountain. Ella se interesó tanto en estas experiencias que fue a uno de los viajes de Comercio Justo a Costa Rica y Nicaragua organizados por Kimberly Easson. Fue una experiencia que cambió su vida.

Cate y yo decidimos que nuestro objetivo era convertir el café de Comercio Justo en la corriente principal. Es decir, queríamos mover esos cafés de las tiendas de alimentos saludables y tiendas especializadas a los supermercados promedio y colocarlos con otros cafés, no en el pasillo separado al que nos gustaba llamar "el gueto orgánico". Nuestro primer enfoque fue interno, buscando a los vendedores emprendedores para tener otros abanderados del Comercio Justo. No podíamos decir al gerente de ventas qué hacer. Pero queríamos sacar y preparar materiales para aquellos vendedores que estaban inclinados a tratar de vender esta nueva línea. Así que trabajé en ampliar las listas de contactos externos. Cate desarrolló materiales para el punto de compra tales como dípticos de mesa y folletos que los vendedores podrían usar cuando llegaran a la puerta. Cate era una buena estratega; ella tenía una mente realmente creativa. Nuestras carreras al mediodía se convirtieron rápidamente en conferencias de Comercio Justo. Si otros se acoplaban, tenían que unirse o permanecer en silencio mientras maquinábamos.

Mientras tanto, estaba buscando cada oportunidad para escribir comunicados de prensa sobre el progreso de Green Mountain con el café de Comercio Justo. Poco a poco, los medios locales y la prensa comercial comenzaron a tomar nota. En mayo de 2001, el Burlington Free Press publicó un artículo de primera plana sobre Green Mountain y el Comercio Justo en que el periodista se refirió a mí como un "activista de Comercio Justo". Oh, nuestro hijo Daniel, el radical de la familia, ¡estaba celoso que su padre haya recibido esta aclamación!

Una de las primeras cosas que hicimos para promocionar nuestras noticias fuera de nuestra pequeña comunidad, fue organizar una reunión entre Oxfam América y nuestra fuerza de ventas del área de Boston. Oxfam, la organización no gubernamental fundada en Inglaterra, había convertido al Comercio Justo en una de sus causas principales como parte de su campaña global "Has Comercio Justo". Uno de los más energéticos organizadores de Oxfam América era un joven graduado de Cornell llamado Liam Brody. Conocí a Liam por primera vez cuando me invitó a hablar con estudiantes universitarios en Boston, para proporcionarles el contexto de la producción de café y los desafíos que enfrentan los caficultores, como el acceso a alimentos nutritivos, acceso a agua limpia, acceso a la educación, acceso a la salud y acceso a precios justos para su producto. Estos estudiantes fueron parte de la "Iniciativa de Cambio" de Oxfam. Liam era brillante, amigable y una persona accesible que siempre estuvo dispuesto a escuchar y ayudar. Él era también un excelente orador público.

Por lo tanto, reunimos a nuestra fuerza de ventas del área de Boston compuesta por aproximadamente siete u ocho personas en una sala de conferencias en las oficinas de Oxfam América en Boston para escucharlo. Al principio no parecían estar muy impresionados. Algunos de ellos estaban mirando sus relojes incluso antes de que empezáramos. Pero luego comenzó a hablar. Liam alentó a pensar de manera no convencional acerca de cómo vender este café. Era música para los oídos de Cate y los míos. Él dijo, vayan más allá de las tiendas de alimentos y especialidades. Lleven el café a los hospitales y las universidades, especialmente las universidades. "Los estudiantes son jóvenes y apasionado por las cosas", dijo. "Puedes ayudarlos a convertirse en defensores de su café". Después de un almuerzo tranquilo, el equipo de ventas se fue sin muchos comentarios. Apenas hicieron preguntas, así que no sabíamos lo que pensaban. Para nuestra sorpresa, dos meses después David Blake, el miembro más experimentado de este equipo de Green Mountain, informó que había hecho un lanzamiento exitoso al personal de servicio de alimentos en Hampshire College, una escuela de artes liberales en Amherst, Massachusetts. Fue un gran avance. Este era exactamente el tipo de éxito que Cate y yo esperábamos que Liam ayudaría a lograr.

Usando la experiencia de Hampshire College, nuestra asociada de ventas en Filadelfia persuadió a funcionarios de la Universidad de Villanova, gracias también a la insistencia de los estudiantes, a comenzar a ofrecer cafés de comercio justo de Green Mountain. Desde un punto de vista de Relaciones Públicas, Villanova era una mina de oro para nuestro café de Comercio Justo. Unos meses más tarde fui invitado a unirme a Paul Rice para hablar en la Reunión Nacional de la Asociación de Servicios Alimenticios Universitarios (NACUFS por sus siglas en inglés) organizada por Villanova. Antes de la reunión, me reuní con nuestro asociado de ventas Eileen Sellman, quien me guió a través de las cafeterías de Villanova. Aquí vi una maravillosa exhibición del trabajo de Cate: carteles, folletos, dípticos de mesa, todo puesto a buen uso para ayudar a los estudiantes a comprender la importancia de elegir su taza de café concienzudamente. Durante la reunión, el gerente de servicios de comida de Villanova habló sobre el por qué creía que el Comercio Justo era bueno para los agricultores, estudiantes y para la Universidad. Aunque fuera más caro, era correcto hacerlo porque ayudaría a generar apoyo estudiantil para las enseñanzas católicas sociales, que son el corazón de la misión de la Universidad. También era correcto desde el punto de vista de la rentabilidad, dijo, porque este cambio al café de Comercio Justo había aumentado significativamente las ventas y ganancias del servicio de café. A pesar de que se estaba pagando más por el café, él estaba más que compensándolo en volumen. Él estaba emocionado, ¡y nosotros también!

Al principio, muchos vendedores se mostraron escépticos y con razón sobre cómo el café de Comercio Justo respondería. Pero llegaron a ver estos nuevos cafés como más que simplemente sabores adicionales; eran historias que podían compartir con sus clientes. Este enfoque permitió a Green Mountain diferenciarse claramente a sí mismo de la competencia. Además, nuestros clientes podían hacer algo similar con estas historias de café para diferenciar sus negocios de su competencia.

Poco a poco, el comercio justo se hizo más aceptable dentro de la empresa. La gente se dio cuenta de que al tomar un margen más pequeño en mayores volúmenes de Comercio Justo podríamos abrir nuevas puertas principales y dar a más personas la oportunidad de probar los cafés. También beneficiaríamos a más caficultores dentro de nuestra cadena de suministro que si continuábamos tomando un margen más alto con menos café vendido. En ese mismo momento, la crisis de la industria del café nos puso ante una gran prueba sobre nuestro compromiso. Los precios mundiales del café estaban cayendo a mínimos históricos de menos de $.45 por libra y nuestro primer temor fue que íbamos a quedar atrapados con todo este café de Comercio Justo que compramos a precios comparativamente estratosféricos. Pero, de repente, nos encontramos siendo alabados en los periódicos y en la televisión por nuestras prácticas de Comercio Justo. Hubo mucha publicidad sobre los efectos para los productores.

Esta era el tipo de crisis de precios para la cual fue diseñado el Comercio Justo y así aminorar el impacto. Esa fue una gran historia que contar, no solo para el público sino también para los posibles compradores: "Sí, pagarás un poco más por este café, ¡pero mira los beneficios para los productores! Sus clientes que compran este café están afectando directamente la vida de estos caficultores". Lo mejor de todo es que descubrimos rápidamente que algunos de los cafés de más alta calidad que recibimos durante esta desafiante crisis se originaron dentro de cooperativas de Comercio Justo. Los agricultores de Comercio Justo estuvieron entre los pocos que pudieron permitirse reinvertir en la calidad de su café comprando y aplicando los insumos necesarios, renovando sus parcelas de café con plantas jóvenes y aprovechando la asistencia técnica ofrecida por sus cooperativas para mejorar la calidad de su café.

Desde mi punto de vista en las relaciones públicas, todos estos hechos convergiendo constituían una proverbial mina de oro. Estaba bombeando comunicados de prensa anunciando a las personas acerca de cómo la compra de café de Comercio Justo ayudaría al cliente y al productor en un momento en que el precio del mercado del café estaba por debajo del costo de producción de la mayoría de los agricultores. La campaña pagó enormes dividendos en dinero y en valor de las relaciones públicas. Esto culminó en un artículo destacado sobre el café de Comercio Justo en la revista Time que describió los desafíos que enfrentan los caficultores y las soluciones prometidas por las compras certificadas de Comercio Justo hechas por las compañías como Green Mountain Coffee Roasters.

El siguiente avance vino cuando uno de nuestros socios de ventas en el Noreste persuadió a la cadena de supermercados Hannaford Brothers a comprar nuestro Café de Comercio Justo usando un nuevo acuerdo de precios. Los supermercados tenían miedo de que, si ofrecían autoservicio de café a granel con precios diferentes, la gente etiquetaría erróneamente las ofertas más caras como las menos costosas. Ellos querían tener un precio uniforme para todos los cafés a granel, sin importar el costo individual. De modo que al principio acordamos cobrar un precio de rango medio por todo el café orgánico de Comercio Justo, lo que permitiría a los supermercados ponerlos en los recipientes a granel de autoservicio que eran más vendidos. Promovimos un precio medio por la novedad del café. Esto aceleraría la aceptación del Comercio Justo como corriente principal y aseguraría no tener un precio fuera del mercado.

En los próximos tres años, las ventas de café de Comercio Justo aumentaron en un 10-20 por ciento por año. Hoy, el café de Comercio Justo supera ampliamente el 30 por ciento de todo el café que vendemos, sin límite a la vista. Se anunció en 2010 que Green Mountain Coffee Roasters es el mayor comprador de café de Comercio Justo en el mundo. Me alegré de haberme quedado con el superpetrolero. Sí, tomó un tiempo, pero finalmente la paciencia valió la pena y los productores comenzaron a cosechar recompensas de las semillas que muchos de nosotros habíamos sembrado.

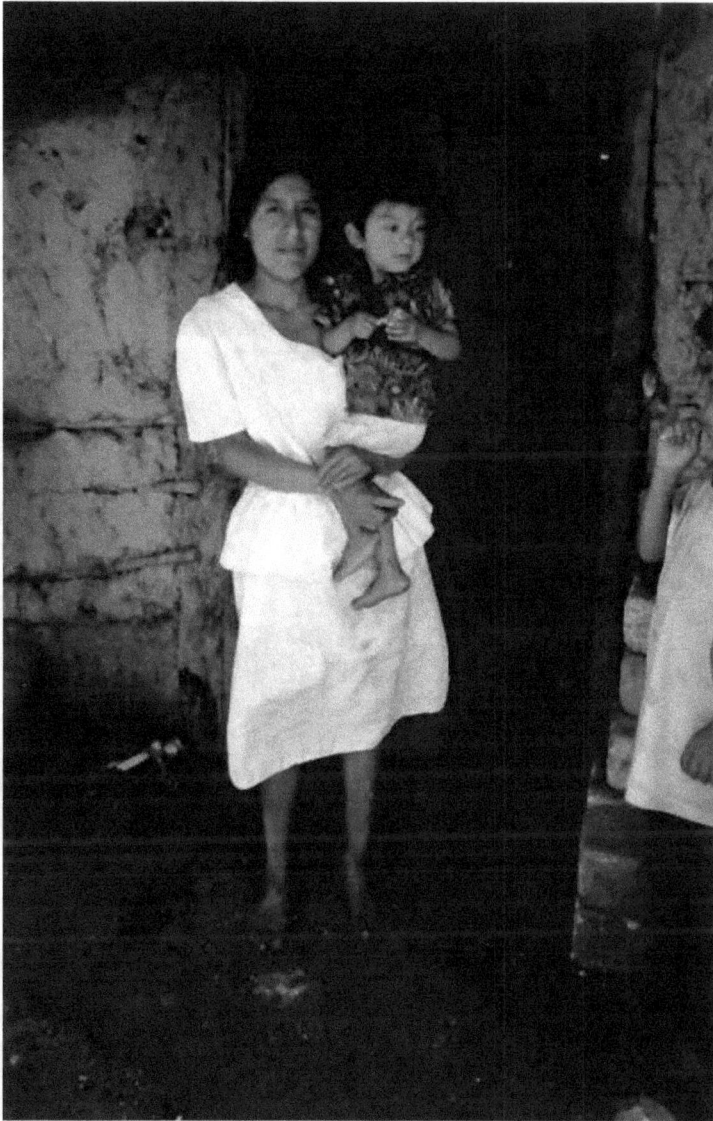

Mujer y su niño en Oaxaca que generosamente nos dieron plátanos.

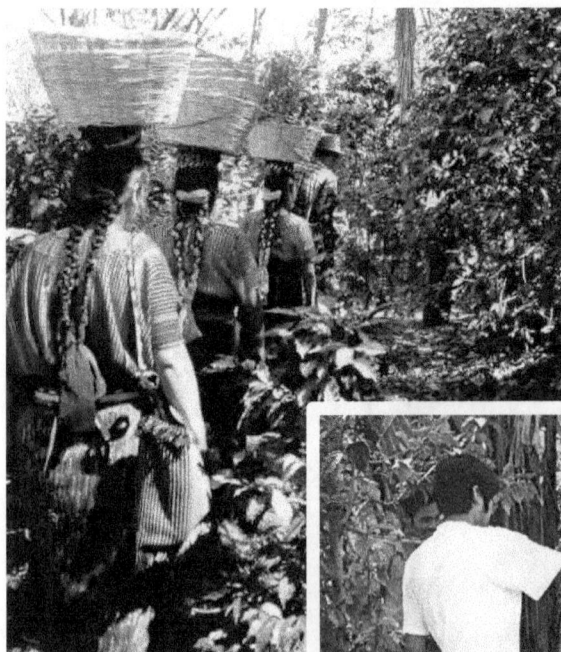

Mujeres cafetaleras volviendo con canastas llenas en San Juan la Laguna, Guatemala.

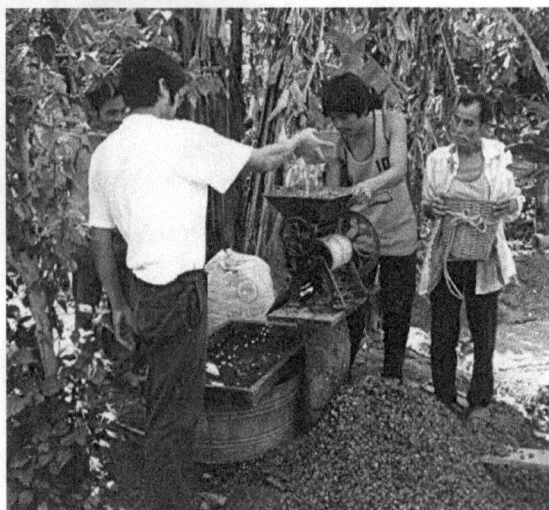

Beneficiado húmedo Pluma Hidalgo, Oaxaca, México.

Jon Wettstein, Mireya Jones, Bob Stiller, Chuck Jones y Rick Peyser en Finca dos Marías en San Marcos, Guatemala.

Chico joven tomando una pausa tomando café en COCAFCAL en Capucas, Honduras.

Secado de café en el beneficio seco de PRODECOOP, Palacagüina, Nicaragua

Mujeres clasificando café en la Asociación Chajulense en Chajul, Guatemala.

Mujeres participantes en un programa de microcrédito de Coffee Kids (AUGE).

Cafetaleros de la Cooperativa CESMACH (Campesinos Ecológicos de la Sierra Madre de Chiapas), Jaltenango, Chiapas, México.

Toma de decisiones en Cumbre estratégica de CECOCAFEN. Reunión realizada en Selva Negra, Matagalpa, Nicaragua.

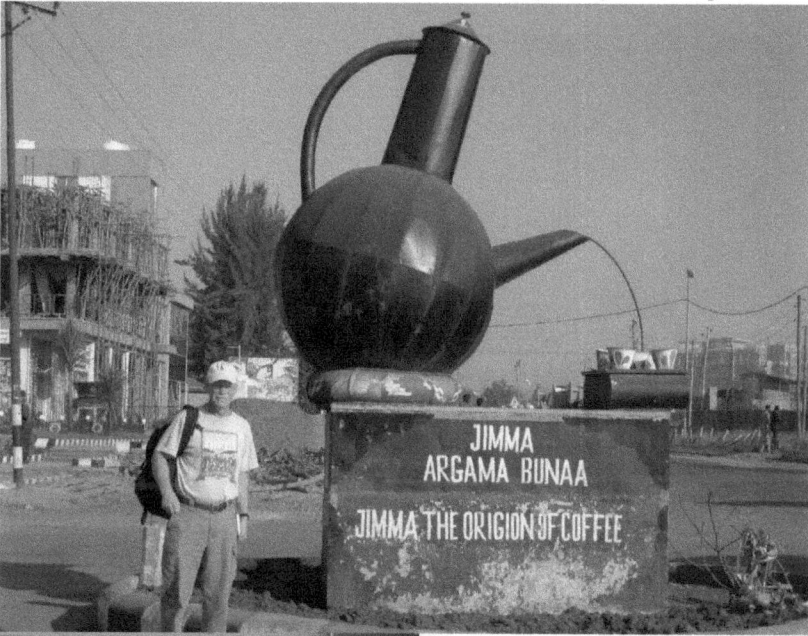

Rick Peyser en Jimma, Etiopía, 2011.

Mujer y niño en Yirgacheffe, Etiopía.

Lindsey Bolger catando café en Addis Ababa, Etiopía.

Mujer dirigiendo una ceremonia de café etíope cerca de Jimma, Etiopía.

Familias de caficultores en la Cooperativa de Karaba en Ruanda.

Restos de vestidos en un monumento al genocidio cerca de la Cooperativa Maraba, Ruanda.

CAPÍTULO CINCO

Más allá de la Oficina

CRECIENDO CON COFFEE KIDS

Mi primer voluntariado continúo relacionado con el café fue con Coffee Kids. Después del primer viaje de Bill Fishbein a Green Mountain en 1988, no vi a Bill durante dos años. Pero Dan Cox compartía sus boletines conmigo. Eran como sermones, exhortando a los lectores a que se preocuparan por estos niños y sus familias. Me impresionó la gama de proyectos de Coffee Kids, desde microcréditos y becas hasta biocombustibles. Coffee Kids es una organización de desarrollo pionera en la industria del café usando el modelo de abajo hacia arriba y organizando los viajes a los orígenes de producción de café.

En 1991, en la conferencia de SCAA en Orlando, Dan me invitó a estar presente en una reunión del consejo asesor de Coffee Kids. Tímidamente, acepté ir. En ese entonces yo todavía estaba nuevo en la industria y aún no había viajado a tierras de café. Pero sentí que esta sería una gran oportunidad para conocer algunas personas interesantes en el negocio. Era como un novato yendo a los entrenamientos de primavera con un equipo de pelota de ligas mayores. Estaba Susan Woods, que trabajaba para Bill, y David Abedon, quien enseñó en la Universidad de Rhode Island y ayudó a fundar Coffee Kids. Algunos de los "bateadores pesados" de los que había oído hablar estaban allí: Karen Cebreros, Dave Griswold y Don Schoenholt. Don era alguien de trato fácil y la séptima generación de propietarios de la compañía de café más antigua de la nación y fundador del SCAA.

El estilo de Paul Katzeff de Thanksgiving Coffee contrastaba con la manera dulce de Don y estaba lleno de pasiones demostrables. Paul era un visionario enfocado en ayudar a los productores de café. Cultivó un estilo radical y afirmó haber sido el administrador de campaña de Hunter Thompson para ser el alguacil de Aspen. El lema de su compañía era "No solo una taza, sino una taza justa". Mi primera interacción con él había sido a través de una llamada telefónica gritando. Un año antes de que nos conociéramos en persona, yo había enviado correos a varias compañías de café, incluyendo Thanksgiving Coffee, solicitando sus catálogos. Unos días después de enviar la solicitud, recibí un llamado de una voz enfurecida en el teléfono acusándome de querer robarle a su compañía ideas de pedido por correo. Pensé que estaba bromeando. Simplemente le dije que él debería tomar mi interés como adulación. Después de su indignación lívida por el teléfono, no estaba seguro sobre cómo él reaccionaría ante mí, pero cuando finalmente nos conocimos, no podría haber sido más amable.

Antes de la reunión, Dan explicó que Bill quería integrar a Coffee Kids en la industria y eligió gente del sector que ya era prominente y de mentalidad similar para unirse a la junta asesora. Creo que Bill terminó pidiéndome que me uniera porque era un "hacedor". Había demostrado mi creencia en Coffee Kids y su misión, promoviendo activamente Coffee Kids en nuestras tiendas, administrando los buzones para colectar dinero y trabajar con otros en la junta para organizar eventos en las conferencias de SCAA. Es cierto, Green Mountain era un fiel y confiable seguidor financiero de Coffee Kids. Sin embargo, creo que Bill quería que yo estuviera en la junta debido a mi compromiso personal con la organización; el enlace a Green Mountain fue una bonificación bienvenida. Acepté con placer sin darme cuenta de cuánto cambiarían Bill y Coffee Kids mi vida y también cambiarían la industria del café.

Coffee Kids estaba saliendo poco a poco del negocio de apadrinamiento de niños, porque en opinión de Bill, esto creaba demasiada dependencia de los donantes y demasiada gestión descendente. Los nuevos proyectos de los que quería hablar eran programas de microcrédito y educación. En cada conferencia de la industria, Coffee Kids intentó celebrar algún evento: una recepción o un almuerzo en el que podría recaudar dinero y conciencia de la industria. Bill habló en todos estos eventos. Él era un orador convincente, con notas o sin ellas. No importa el formato, el lugar, o audiencia, casi invariablemente se conmovía hasta las lágrimas. Para aquellos de nosotros miembros de la junta asesora, no se trataba de si lloraría, sino cuándo. Ese era Bill; él llevaba su corazón en la manga.

A finales de los años 90, Coffee Kids dio un gran paso hacia la formalización cuando el consejo asesor se transformó en una junta directiva regular. Bill me pidió que me quedara y acepté. Un año después, me pidió que fuera presidente. En ese tiempo, Green Mountain contribuía con aproximadamente una cuarta parte del presupuesto de

Coffee Kids. Después que vendimos nuestras tiendas minoristas en 1998, el dinero para Coffee Kids a través de las alcancías obviamente desapareció. Pero luego la compañía comenzó a hacer donaciones directas a la organización y permitió a sus empleados contribuir a Coffee Kids a través de un plan automático de deducción de nómina.

No quería ser un presidente circunstancial, ni una especie de aprobador automático. Una de mis primeras prioridades era pagarle a Bill. Con los años, había puesto bastante de su propio dinero en la organización y sentí que, si éramos serios acerca de poner a Coffee Kids en su propia senda, debíamos devolver el dinero al fundador por su inversión y finalmente, lo hicimos. Después de eso, quería construir la base de recaudación de fondos. Mientras que la industria del café había crecido a un 20 por ciento anual, los ingresos de Coffee Kids permanecían estancados en alrededor de $ 300,000. Yo sabía que la organización estaba haciendo un buen trabajo, pero para mantenerse vital y relevante, necesitaba expandir su base de ingresos y sus programas enfocados en el empoderamiento a través de microcréditos y becas. Esto llevó a discusiones sobre de quién debíamos aceptar dinero. Recuerdo que Bill fue particularmente firme en que no tomaríamos un centavo de grandes compañías tabacaleras, aunque ninguna nos había ofrecido dinero.

EN EL CAMPO

La mejor parte de mi trabajo con Coffee Kids fue la oportunidad que me brindó de combinar la realización personal y profesional. Después de que comencé a estudiar español, las condiciones de vida y los desafíos de los agricultores de café se volvieron cada vez más aparentes. Cada una de las cinco veces que asistí a la escuela de español en México, me tomaba una semana para visitar a algunos de los proveedores de Green Mountain y los proyectos de Coffee Kids que apoyábamos. Iba a los pequeños pueblos y hablaba uno a uno con las personas. A menudo mi voluntariado y mi trabajo en Green Mountain me dejaban en una posición inusual. Enfaticé a los productores que no era un comprador, pero yo actuaría como un tipo de enlace y llevaría mensajes o muestras a Waterbury. Ocasional y probablemente de forma inevitable, algunas personas malinterpretaban mi papel. En un viaje de idiomas a Oaxaca, mi casera invitó a su vecino quien estaba en el negocio del café. Insistió en que probara un poco de su café y llevara algo de vuelta a los Estados Unidos. Repetí que no era un comprador, pero que llevaría su tarjeta a Waterbury. Al día siguiente, apareció otro amigo suyo con la misma idea. A pesar de mis negativas de que no era un comprador, se corrió la voz que había un gringo en la ciudad que trabajaba para una gran compañía de café estadounidense listo para comprar café. Durante mi estancia, otras tres o cuatro personas se acercaron a mí con el mismo propósito. Empecé a sentirme como una estrella de cine acosada por paparazzi con muestras de café en lugar de cámaras.

En un viaje a un programa de microcrédito en Huatusco y sus alrededores, Veracruz, coincidió que el Papa Juan Pablo II estaba visitando México durante esa semana. Mientras caminaba con mi guía por una larga colina hacia una iglesia en la cima de esta, cada casa tenía la televisión encendida y mostraba al Papa celebrando una misa al aire libre. Era como ir a una tienda de electrodomésticos con quince televisores que muestran todas las mismas imágenes. Llegue a conocer al Papa muy bien mientras subía esa colina. Radiando desde la plaza de la iglesia había senderos hacia las casas en la ladera. Caminamos hacia una de estas casas que parecían pegadas a la ladera. Estaba construida de tablas ásperas y desgastadas, un techo galvanizado y una habitación con piso de tierra. Había un horno de concreto en un extremo de la habitación. El humo se elevaba desde un fuego abierto. A través del humo pudimos distinguir un grupo de ahorro de microcrédito de seis mujeres sentadas en una mesa de tablones. Cada una tenía una pequeña pila de billetes y monedas frente a ella. Mi guía explicó que estaban trayendo sus ganancias semanales de sus respectivos negocios.

El dinero estaba siendo contado ante sus co-depositantes. Entonces el tesorero llevaría el dinero a un banco comercial. Cuando terminaron, nos invitaron a quedarnos a almorzar pollo con salsa de mole, arroz y tomates. Estaba delicioso. En mi español titubeante, dije algunas palabras sobre lo feliz que me sentía por estar allí. Fuimos tratados como verdaderos invitados de honor. Nuevamente, fue un caso de los pobres compartiendo conmigo lo mejor de lo poco que tenían.

Hubo muchos casos en los que fui testigo de la efectividad de estos programas de microcrédito de Coffee Kids. En mi viaje con Deb

Crowther, visité un hogar mexicano de clase media donde una mujer muy atractiva y bien vestida nos recibió en la puerta. Ella nos llevó a una sala llena de quince o veinte mujeres vestidas de la mejor manera. Como si fuera sincronizado, todas lanzaron grandes puñados de confeti sobre nosotros y chillaban de risa. Parecía como una boda. Después que nos presentaron, cada mujer describió su proyecto. Una mujer levantó una foto de algunos cerdos que estaba criando. Otra mujer circuló una pequeña caja corrugada con la tapa abierta para revelar hermosas papas que ella había cultivado y lavado. Otra trajo una caja de flores representando su negocio floral. Otra tenía una foto de la pequeña tienda que había establecido. Y así sucesivamente. Fue muy energizante. Las mujeres estaban orgullosas y de forma sincera simplemente querían compartir sus éxitos con nosotros. Al cierre tomamos café, por supuesto y una tarta maravillosa.

Más tarde en ese mismo viaje, en una carretera tan llena de hoyos que no podíamos conducir a más de cinco millas por hora, nos detuvimos en una tienda que colgaba del borde de la calzada. Tenía solo unos seis metros cuadrados, pero parecía vender todo desde pasta de dientes hasta neumáticos de bicicleta, desde aperitivos hasta machetes. Siete mujeres eran propietarias de la tienda. Agruparon sus ingresos y cada una tomaba un turno manejando la tienda un día a la semana. La tienda tuvo tanto éxito que las mujeres fueron dando pequeños préstamos a otras mujeres en el pueblo. El cambio estaba sucediendo y las personas estaban trabajando juntas para ayudar a sus vecinos a salir de la pobreza; estaban viviendo los ideales de Coffee Kids, ayudándose a sí mismos y a los demás a alcanzar una vida mejor.

Nuestra última parada en ese viaje fue un círculo de ahorros que se celebraba en un pequeño beneficio húmedo de café. El camino hasta el pueblo apenas era lo suficientemente ancho para un camión. Las mujeres estaban sentadas en sillas de plástico ubicadas en el piso de concreto del beneficio. Alrededor de una docena de hombres recostados o en cuclillas contra las paredes circundantes. Miraron como las mujeres contaban sus historias. Una mujer comenzó a hablar sobre un negocio que había comenzado vendiendo hierbas medicinales, pomadas, lociones para las articulaciones y hierbas para hacer té. Ella vendía desde su casa y en una clínica local. De repente, uno de los hombres pateó la pared y dijo: "Las hierbas están bien, pero lo que realmente necesitamos es ayuda a vender nuestro café. El mercado se ha desplomado. ¡Es café lo que mantiene a nuestras familias con vida!" Deb y yo nos sorprendimos por el exabrupto. Yo dije que nos encantaría hablar sobre el café más tarde, pero primero queríamos escuchar las historias de estas mujeres. Más tarde pudimos explicar que los círculos de ahorros no eran un sustituto, sino un complemento del café. Por otra parte, Green Mountain se comprometió a comprar más café de Comercio Justo que ayudaría a dar a los caficultores un mejor precio. En general, estaba orgulloso de que mi empresa, a través de Coffee Kids, tuviera un papel importante en hacer que ocurrieran estos diversos cambios positivos.

CRISIS DE IDENTIDAD

De regreso en casa, sin embargo, Coffee Kids atravesaba una doble crisis de identidad. El primer problema que vi fue la brecha entre la misión y el dinero. Nosotros teníamos una misión fuerte. Nuestros programas eran exitosos; más de 2,000 mujeres participaban en programas de microcrédito en Guatemala, en Oaxaca, México y en la ciudad de Teocelo en Veracruz, México. Nuestro problema era recaudar dinero. Nosotros habíamos construido algunos programas efectivos con presupuestos pequeños, pero no estábamos en capacidad de crecer.

En 2002 tuvimos la oportunidad de contar nuestra historia a una audiencia fuera de la industria del café. Una organización en el oeste de Massachusetts llamada "Los Visionarios" se enteró de lo que Coffee Kids estaba haciendo y ofreció hacer un documental sobre la organización que podría ser transmitido en televisión pública. Era una especie de escuela de cine y hacían películas sobre organizaciones sin fines de lucro que le parecía que merecían un impulso para crear conciencia pública. Luego de filmar intentaban transmitir las películas en el Servicio Público de Radiodifusión (PBS). Todo lo que teníamos que hacer era recaudar el dinero, que era alrededor de $ 135,000 fuera de nuestro presupuesto normal de funcionamiento. Bob Stiller ofreció poner $ 100,000. Coffee Kids recibió $ 10,000 de otros empleados de Green Mountain y se le entregó a Bill un cheque gigante durante nuestro Día de Apreciación del Empleado. El resto del dinero vino de otros en la industria.

La película se basó en uno de los proyectos de becas que Coffee Kids patrocinaba en Costa Rica. El actor Sam Waterston fue el narrador. Estrenamos el documental en la reunión de SCAA en Anaheim, California, donde recibió una ovación de pie. De hecho, se mostró finalmente en PBS. Esta publicidad ayudó algo en nuestra recaudación de fondos dentro de la industria. Cuando dejé el cargo de presidente, habíamos logrado casi triplicar nuestros ingresos.

El segundo desafío que enfrentaba la organización era psicológico. Como muchas organizaciones no gubernamentales (ONG), Coffee Kids estaba feliz de tomar contribuciones, pero no disfrutaba la interferencia de los donantes en el programa. Hubo momentos en que Bill claramente luchó con esto. Ayudó a crear una "credo" que fue una declaración de nuestras creencias, con los fundadores, la junta, el personal de Coffee Kids y organizaciones asociadas. Las organizaciones tenían que cumplir con estos principios y directrices si Coffee Kids se implicaba con ellos. Los principios estaban claramente detallados, pero puede que hayan puesto el listón demasiado alto para algunos donantes. Un caso sobre este punto era la cadena de supermercados Wild Oats. Wild Oats decidió comprar café de Comercio Justo a lo grande. Propusieron poner un póster de exhibición en cada una de sus tiendas el cual cambiarían cada dos meses. Ellos ofrecieron incluir una copia con información sobre Coffee Kids y colocar los folletos de Coffee Kids en el exhibidor. Este programa prometía darle a Coffee Kids mucha más exposición que cualquier otro programa hasta la fecha. Desafortunadamente, cada dos meses la discusión sobre la copia y su ubicación dejaba a todos infelices. Naturalmente, Bill quería la mejor colocación para Coffee Kids; Wild Oats quería ver el Comercio Justo prominente. Dado que el póster era cambiado trimestralmente, esta guerra de palabras e ideales se repetía cada tres meses. Coffee Kids se basaba en sus principios, muchos de los cuales se detallaban en el credo. Lamentablemente, traducir estas creencias en una buena y saludable relación de trabajo fue un desafío. Finalmente, Bill comenzó a cambiar su actitud y se volvió más tolerante con los matices de las contribuciones de negocios. Creo que le ayudé a mantenerse enfocado sobre las condiciones en el campo y en el hecho de que algunas empresas realmente querían ayudar a cambiar esas condiciones.

Durante los años que serví en la junta de Coffee Kids, crecimos a doce proyectos en cinco países. Creamos una oficina regional en Oaxaca. Había programas de microcrédito, centros regionales de capacitación, becas para jóvenes, huertos familiares, tiendas comunitarias, programas de producción de pequeños animales y más- cada concepto surgiendo de los deseos de las personas mismas y cada uno ayudando a una comunidad a hacer una vida mejor para sí misma a su manera. Cuando Bill fundó Coffee Kids, no había organizaciones con sede en los EE. UU. enfocadas en este tipo de trabajo en las comunidades de café. Cuando dejé el cargo de presidente en 2007, había otras seis u ocho ONG trabajando con productores de café y sus familias. Sin embargo, Coffee Kids es considerada como la ONG más antigua y propia de la industria.

Creo que sin más de una década de contacto anual con los proyectos de Coffee Kids (y especialmente con las personas que los dirigían), yo no me habría sentido tan cerca de los productores y quizás no me hubiera convertido en un defensor de sus intereses. He estado más que agradecido por esta oportunidad de trabajar con Coffee Kids y con Bill, quien sigue siendo un gran amigo.

UN PAPEL MÁS AMPLIO EN LA INDUSTRIA

A tres años en esta etapa del trabajo de Coffee Kids, fui reclutado (o tal vez yo me recluté) para trabajar con la Asociación de Cafés Especiales de América (SCAA). Una breve historia de la SCAA se vería así: en 1982, un pequeño grupo de tostadores de café de especialidad que se sentían empequeñecidos y alienados por el enfoque basado en los intereses del café a granel de tostadores más grandes, dentro de la Asociación de Café Nacional (NCA), se reunieron en la ciudad de Nueva York y voila, la SCAA nació. Es revelador que esto fue un año después que Bob Stiller fundara Green Mountain Coffee Roasters.

Había asistido a reuniones ocasionales de la NCA, pero participaba en la conferencia de SCAA cada año porque los miembros eran enérgicos y apasionados y no había sustituto para conversaciones cara a cara sobre todos los problemas que enfrenta la industria del café. Cuando me convertí en director de relaciones públicas en Green

Mountain, se hizo aún más importante que asistiera a estas reuniones. Brindaban una oportunidad invaluable para mantenerse al tanto de problemas de la industria, organizaciones e innovaciones agrícolas y para buscar oportunidades adicionales para contar la historia de Green Mountain. Lo puse en mi descripción de puesto. Con los años, mi círculo de contactos y amistades se extendió en toda la industria y en todo el mundo a través de SCAA.

Me encontraba atraído hacia ciertas personas y problemas. En 1995, Russell Greenberg del Centro de Aves Migratorias del Smithsonian fue una de esas personas. Él fue el investigador principal que mostró el vínculo entre café bajo sombra y salud de las poblaciones de aves migratorias. Él estuvo en la conferencia de SCAA en Oakland y montó una simple mesa de cartas en el medio de la sala de exposiciones llena de pasillos con instalaciones más elaboradas. Él era una curiosidad para algunos porque el suyo era el único puesto que no era sobre café. Fue la primera vez que muchos de nosotros escuchamos el término "café amigable para las aves". Otro grupo al que yo fui atraído fueron los autodenominados "radicales del café" que habían fundado un comité de Medio Ambiente de SCAA. Algunos de ellos eran las mismas personas de la junta asesora de Coffee Kids. No hablaban sobre empaque, marketing, o frescura. Se centraron en la sostenibilidad tanto en términos del medio ambiente como humanos. Estos eran temas revolucionarios en ese momento, como el cultivo de café bajo sombra y café de comercio justo. Este es un buen lugar para servir, pensé. Yo envié un correo a Paul Katzeff, a quien conocía de Coffee Kids y le pregunté si podía unirme. Por supuesto, dijo.

Después de seis meses de conferencias telefónicas, decidimos que, si queríamos lograr que la industria comenzara a tomar en serio algunas de nuestras ideas "radicales", necesitábamos más de una hora en la agenda anual de la conferencia SCAA. Presionamos a la junta de SCAA para que nos dejaran tener un día de conferencia sobre sostenibilidad el día antes de las conferencias de SCAA en Denver y San Francisco. Buscamos y obtuvimos buenos oradores: científicos que conocían sus temas y tenían datos para respaldar lo que presentaban. Teníamos alrededor de 300 asistentes cada año. Creo que estas conferencias fueron sustancialmente mejores que las reuniones regulares. Luego Paul Rice de TransFair USA llamó y me pidió que presidiera el comité ambiental de SCAA. Parecía que estaba ganando una reputación como alguien dispuesto a servir.

Varios meses más tarde me pidieron que participara en el recién formado equipo de trabajo de comercio justo de la SCAA, que se estableció para ayudar a crear mejores comunicaciones y comprensión entre el grupo de Intercambio Global orientado a los activistas (que había amenazado con manifestarse contra Starbucks sobre las negociaciones del acuerdo de licencia de Comercio Justo) y miembros de la SCAA. En la primera reunión de este Grupo de Trabajo un amigo me dijo, "¡felicidades por haber sido nominado para la junta de SCAA!" "¿De qué estás hablando?" Pregunté. Resultó que para ser un presidente del comité tenía que ser un miembro de la junta. Después de pensarlo un poco, acepté porque era un foro más amplio en el que podía ayudar a los caficultores. También podría aprender más sobre la industria, los importadores, tostadores, baristas y minoristas.

Hubo seis reuniones de la junta al año, generalmente en Long Beach, California. Una semana antes de la reunión, los miembros de la junta recibían una carpeta de casi 200 páginas de materiales sobre temas que estaríamos cubriendo. Era como la guía de teléfono de Manhattan, pero con docenas de elementos de acción. Las reuniones de la junta eran una carrera en contra del reloj para superarlos a todos. Solo alrededor del 20 por ciento de los ítems de la agenda eran realmente de importancia estratégica. La junta todavía no había dado el salto de pasar de ser una junta operativa a un consejo estratégico, aunque la organización había crecido mucho. Pasaríamos una hora discutiendo si el SCAA debería enviar café a una organización que quisiera distribuir quince libras de café a los faros a lo largo de la costa noreste de los EE. UU. "Que estamos haciendo aquí?" Comencé a decirme a mí mismo. "La administración debería ocuparse de problemas como este." Sentí que deberíamos tener un tablero con los problemas a los que debíamos prestar atención y se le podría dejar al director ejecutivo el trabajo diario.

Mientras la junta titubeaba con minucias, perdíamos de vista al elefante sentado en la habitación, hasta que empezaba a romper los muebles. La industria fue lentamente emergiendo de una caída histórica en los precios del café (menos de 50 centavos por libra en 2001); los precios del Comercio Justo fueron de $ 1.26 por la misma cantidad, lo que aumentó las posibilidades de supervivencia de los productores. Sin embargo, la carga para los agricultores y sus familias todavía era grande. Muchos se marchaban y migraban a zonas urbanas o a los Estados Unidos en busca de un trabajo mejor remunerado. Junto con otros, empecé a presionar a la junta de SCAA para abordar algunos de estos asuntos cruciales.

En noviembre, al final de mi primer término en el consejo, el presidente saliente Danny O'Neill me llamó con dos preguntas: "¿Volvería a postularme para otros dos años?" "Sí". Luego dejó caer su bomba: ¿estaría de acuerdo en convertirme en segundo vicepresidente y así ponerme en camino para ser presidente? Hubo una larga pausa en mi extremo antes de que finalmente respondiera. "No". Tenía un plato más que lleno y simplemente no veía dónde encontraría el tiempo para hacer esto. "Tenía la esperanza de no tener que ir a Vermont con Steve Colten [el presidente entrante], para presionarte en persona", respondió.

Entonces me di cuenta de que hablaba en serio. Le dije que necesitaba pensarlo un poco más. ¿Qué podría lograr yo que alguien más no podría? ¿Estaría mordiendo más de lo que podría masticar? ¿Mis otras responsabilidades sufrirían?

Finalmente decidí, si no se arriesga nada, no se gana nada. Si Bob Stiller estaba de acuerdo, lo haría. Sabía que él no siempre era un gran admirador de SCAA; él no había ido a menudo a la conferencia anual de la SCAA y no pensaba que nuestra membresía en la asociación era de gran ayuda para la compañía. Pero él dijo si esta era mi pasión y yo quería hacerlo, debería seguir adelante. Estaba seguro de que Green Mountain se beneficiaría. Estaba agradecido por su aliento.

Durante el primer año como segundo vicepresidente, mi trabajo era simplemente estar en formación y seguir al primer vicepresidente que tenía el trabajo de organizar la conferencia anual. Aprendí mucho y pronto establecí tres objetivos para "mi" futura conferencia. Primero, quería que el enfoque general estuviera en la sostenibilidad. Segundo, yo quería tener como orador principal a una mujer. Nunca habíamos tenido como orador a una mujer y era hora de romper el molde. En tercer lugar, quería que la SCAA firmara el Pacto Mundial de las Naciones Unidas que planteó algunos de los problemas ambientales y sociales más urgentes. Los signatarios eran gobiernos, ONG y empresas privadas. Green Mountain ya se había registrado. Pensé que sería una oportunidad para asegurar que el enfoque en la sostenibilidad se incrustara en el trabajo de SCAA.

Para las conferencias, el SCAA tenía un ciclo de planificación de 18 meses. Entonces en octubre de 2003, volé a Seattle para mi primer encuentro con un grupo escogido con el dedo de personas de la industria del café de Seattle que conocían la configuración del terreno y serian mis puntos de contacto allí. Queríamos algo dramáticamente diferente que lo hecho en conferencias pasadas, algo emocionante y creativo que reforzaría la idea de sostenibilidad y hacerla "genial". Dimos una vuelta por el Proyecto de Experimentar Música -ahora llamado Museo EMP. Fue un edificio increíble que parecía una pila de chatarra. En el interior, era un gran espacio, con una exposición adjunta dedicada a Jimi Hendrix. Mis viejos jugos de banda de rock comenzaron a fluir. Podías pasar un día allí, tocar y escuchar música y ver una impresionante colección de guitarras. Si este lugar no ponía la sostenibilidad de moda, nada lo haría.

Estar en el EMP en Seattle me hizo pensar en Danny O'Keefe, quien había asistido e interpretado una canción en una de las conferencias de sostenibilidad de SCAA. Él es un cantante y compositor que había escrito algunas canciones para Jackson Browne y Bonnie Raitt. También era un ecologista apasionado y había ayudado a establecer una organización llamada The Songbird Foundation, que se enfocaba en recaudar dinero para las aves migratorias. Llamé a Danny. Él fue de gran ayuda. Con sus conexiones, alineó bandas para tocar en nuestra gran tarde en el EMP. En gratitud, el SCAA hizo una contribución de $ 5,000 a la Fundación Songbird.

Hubo innumerables reuniones y llamadas para organizar la conferencia. Una gran parte del rompecabezas era elegir el orador principal y yo presioné mucho para que fuera una mujer quien pudiera hablar sobre sostenibilidad. Nuestro comité sugirió a Jane Goodall, la mundialmente famosa experta en chimpancés. No solamente ella aceptó, sino que accedió hablar por un precio muy por debajo de su tarifa normal. Para responder a algunos escépticos de la junta que estaban preocupados porque Jane no sabía lo suficiente sobre el negocio del café, le envié una larga carta con información sobre la industria, la crisis del café, el comercio justo y nuestros esfuerzos para ser más ambiental y socialmente sostenible. Luego crucé los dedos que ella haría referencia a algo de eso.

MANTENIÉNDOME AL DÍA CON MI TRABAJO

Además de todas las preparaciones para las conferencias de SCAA, todavía tenía mi trabajo diario como Director de Relaciones Públicas en Green Mountain, que consumió de cincuenta a sesenta horas a la semana. Todavía escribía cada uno de los comunicados de prensa de la compañía. Todavía era parte del lobby de Comercio Justo dentro de la empresa. Hacía gira a distintos medios de comunicación y daba más de treinta discursos al año. Baste decir que mi trabajo diario me mantuvo muy ocupado.

En la mayoría de los comunicados de prensa, traté de incluir un comentario de Bob. Durante estos años, él estaba justo al final del pasillo. Poco a poco, comencé a escribir lo que podría decir y lo enviaba a él para sus comentarios o cambios. Me hice bastante bueno en la redacción de los comunicados y cada vez regresaban con menos y menos cambios. Mi relación con Bob se basó en dos principios operativos: honestidad y modestia. Si alguien en la prensa me preguntaba algo que yo no sabía, lo decía. Si lo sabía, pero no podía decirlo, expresaría eso. Creo en ser sincero. Así era Bob. Además, como director de relaciones públicas, no quería poner a la compañía en un pedestal. A la gente le encanta bajarte de lo alto. Había visto lo que les sucedía a otras compañías cuando tomaban ese camino. Si eres humilde, el mensaje se percibe mucho mejor y la gente lo aprecia más. Bob y yo estábamos completamente de acuerdo sobre este enfoque. Él dijo: "No andemos por allí alardeando. Deja que nuestras acciones hablen por sí mismas".

Dicho esto, me sorprendió cuando Bob se me acercó y me dijo que yo necesitaba un nuevo nombre para mi posición de trabajo en Green Mountain.

"¿Por qué?" Pregunté. "Estoy feliz de ser director de relaciones públicas. Es bastante trabajo específico y mi título parece funcionar bien. "Pero Bob tenía un contador:" Yo entiendo eso, pero necesitas un título que aluda a todas las otras cosas que estás haciendo, además de las relaciones públicas para Green Mountain, quiero decir. Como tu trabajo con Coffee Kids, o el hecho de que seas presidente de la SCAA. Está relacionado. Informa tu posición dentro de Green Mountain. Es parte de eso".

Él tenía razón, por supuesto. Cuando estaba en el consejo de SCAA, estaba claro que no representaba a Green Mountain; me representaba a mí mismo. Pero mi representación proporcionaba a Green Mountain buenas ideas. La misma cosa sucedió con el servicio que prestaba a Coffee Kids y mis otros proyectos de representación. Yo estaba haciendo polinización cruzada de varias organizaciones y Green Mountain estaba justo en el corazón de eso.

Aun así, traté de disuadir a Bob porque no estaba interesado en los títulos. Pero él insistió, así que les pregunté a mis colegas Cate Baril y Laura Peterson, que eran creativas con ese tipo de cosas, hicimos tormenta de ideas durante quince minutos. Se nos ocurrió el título de Director de Abogacía Social y Relaciones Públicas (más tarde el título fue cambiado a Director de Defensa Social y Alcance Comunitario del Café).

SCAA SEATTLE 2005

Mientras tanto, "mi" conferencia de SCAA finalmente sucedió en abril de 2005. Y fue un rotundo éxito. En números absolutos, fue la mayor conferencia de SCAA celebrada hasta ese momento, con más de 10,000 asistentes. El gran salón fue creado con capacidad para 4,000 personas y estaba lleno. En mi discurso inserté un párrafo de bienvenida dirigido a las personas que habían llegado desde lejos para estar allí con nosotros. No dije nada al respecto a nadie. Los productores de café de América Latina tienden a sentarse en grupo en estas sesiones de SCAA. Entonces cuando comencé a hablar en español varios cientos de latinos estallaron en gritos espontáneos de deleite. ¡Mi español nunca había recibido una respuesta tan popular!

Jane Goodall fue la atracción principal. Estoy seguro de que hubo personas que vinieron a la conferencia solo para escucharla. La había conocido con antelación y pudimos conversar durante una hora durante el té con una docena de personas en la suite del presidente. Mientras pronunció su discurso principal, ella era la misma Jane Goodall con la que me había sentado a tomar el té: el mismo tono de voz, el mismo volumen y comportamiento -de voz suave, clara, elocuente y muy real. El tema de su discurso fue razones para la esperanza. Me provocó hormigueos escucharla hablar sobre muchas de las cosas que le había puesto en mi carta: Comercio Justo, el estado de las fincas. Ella hizo un enlace entre los chimpancés, los bosques, la preservación y el café, que fue genial. Ella insistió en que los humanos podían resolver los problemas que habían impuesto el mundo. La sostenibilidad social y ambiental fueron las claves.

Ella felicitó a la industria del café por su trabajo en estos temas, pero dijo que siempre había más trabajo por hacer. En particular, ella esperaba algo de ayuda en su pequeño proyecto en la Reserva de Gombe. Un problema que ella mencionó es el desafío que enfrentan los agricultores que viven al lado del parque nacional para llevar su café al mercado. Podrían tener el mejor café en el mundo, pero no tienen salida al mar; ella suplicó un poco por ayuda en su nombre. Cuando terminó, la habitación estalló en aplausos.

Estaba tan contento y orgulloso. Pero no quería dejarme llevar demasiado por el éxito. Busqué a algunos escépticos para equilibrar mi entusiasmo. Ric Rhinehart estaba sentado cerca de mí. Se convertiría en el director ejecutivo de SCAA. Me simpatizaba mucho porque era directo y no se diluía en pequeñeces. Él siempre estaba nervioso por las actividades de SCAA que se desviaban lejos del café. No tuve que verificar su reacción, se había salido de su asiento, de pie y aplaudiendo. Más tarde ese día, él me dijo: "¡Ella estuvo increíble! ¡Yo estaba llorando! ". Cuando recibí reacciones similares de varios otros escépticos, sabía que lo habíamos logrado.

El resto de la conferencia fue como un reloj. Hubo cientos de stands de más de 700 expositores y más de un centenar de talleres y sesiones educativas. Los oradores de Nicaragua y México, traídos a la conferencia por Coffee Kids, dieron charlas poderosas. Para colmo, poco después de la conferencia, el director ejecutivo de SCAA, Ted Lingle y yo firmamos una carta que comprometió a nuestra organización con el Pacto Mundial de las Naciones Unidas. El Pacto Mundial de las Naciones Unidas pidió a las empresas que adoptaran, apoyaran y promulgaran un conjunto de valores fundamentales en las áreas de derechos humanos, normas laborales, medio ambiente y anticorrupción. Al firmar el documento de la ONU, aceptamos hacer una serie de informes, lo que ayudaría a mantener los problemas al frente y al centro de nuestra agenda. Durante mucho tiempo sentí que esta era una forma de que la industria recibiera reconocimiento por el trabajo que ya había hecho. La junta de SCAA inicialmente estaba preocupada por las obligaciones de informes. Pero cuando vieron que las responsabilidades no eran onerosas, aprobaron rápidamente la moción.

Estaba feliz, orgulloso y aliviado. Mis tres objetivos para la conferencia de 2005 y más allá se habían cumplido y excedido. Incluso los 400 correos electrónicos en mi computadora no lograron apagar mi estado de ánimo. Esperaba lo tradicionalmente fácil, "vuelta de la victoria" de un año como presidente. Pero no iba a ser así.

DOS HURACANES EN UNA SEMANA

En septiembre de 2005, cuando el huracán Katrina azotó la costa del Golfo, yo estaba regresando de Oaxaca. Tal y como lo hacía una vez a la semana, llamé a Ted Lingle, el director ejecutivo de SCAA, para ponernos al día. Entre otras cosas, dijo que Scott Welker, nuestro director de operaciones había aceptado un nuevo empleo tres veces mayor que su actual salario con nosotros y él se iría la próxima semana. "No puedo culpar a Scott por eso", le dije. "Parece que encontró un buen empleo". El lunes siguiente, sin embargo, recibí una llamada de Jeff Vojta, nuestro tesorero de la junta y estaba muy molesto. Dijo que Ted había estado revisando los libros. Los saldos de cuenta que Scott dejó con Ted no cuadraban. Hubo un déficit significativo en cada cuenta, suficiente para poner en peligro programas completos.

Más tarde esa semana, se suponía que los comités de SCAA se reunirían en Charlotte para hacer el trabajo del comité y hacer una visita al sitio para nuestra próxima conferencia. Organicé una llamada de conferencia con la junta, para que Ted y yo pudiéramos compartir lo que sabíamos hasta ese momento. Hubo muchas preguntas y muy pocas respuestas. La gente estaba enojada y frustrada. Varios miembros de la junta sugirieron que deberíamos cancelar la reunión en Charlotte porque no había suficiente dinero para cubrir nuestros gastos.

Me mantuve firme: "No, estamos reuniendo nuestra mejor colección de voluntarios y la única forma en que vamos a salir de este agujero es a través de su capacidad intelectual. Ya tenemos boletos de avión y reservas de hotel. Nosotros ya hicimos estos gastos. Debíamos seguir adelante con estas reuniones de planificación". Lo hicimos. En la reunión, dirigida y concebida por Tim Castle, ex presidente de SCAA, un pequeño grupo de miembros de la junta que se hizo conocido como "Los primeros en responder" dio un paso adelante para ayudar a la asociación con su tiempo, esfuerzo, y recursos financieros para mantener viva a la SCAA durante esta crisis. Gracias a la generosidad de este grupo, la SCAA recaudó más de $ 250,000 en capital de trabajo en cuestión de semanas. Su apoyo ayudó a cambiar el enfoque de la reunión del pasado al futuro. Desde ese momento y años en el futuro, creo que sus acciones se verán como un punto de inflexión en la historia de nuestra asociación.

Durante la reunión, Ted compartió con los voluntarios lo que sabíamos hasta ese punto en el tiempo. Dándole mérito, Ted asumió toda la responsabilidad de este desafío, disculpándose de que se haya desarrollado bajo su labor.

Llamamos a nuestros abogados y a la policía. Entramos en modalidad de crisis organizada, con llamadas de conferencia e informes semanales de Ted. Autoridades federales entrevistaron a varios de nosotros. Fue un momento estresante de silencio público y turbulencia privada. Los números malversados siguieron subiendo. Pero nosotros en el consejo no podíamos decir nada, por temor a un juicio por difamación. Agregamos asesoría externa y contratamos a un contador forense para llevar adelante nuestro caso contra Welker. Durante los meses siguientes, a medida que salió más información, la junta se dio cuenta de que, a pesar de los enormes esfuerzos de Ted para corregir el barco, la organización necesitaba un nuevo líder. Les correspondió a los tres presidentes, el expresidente inmediato Christian Wolthers, el presidente entrante Rob Stephens y a mí darle la noticia a Ted. Nos reunimos con él en su oficina en Long Beach, durante una reunión de la junta. No fue divertido. Ted había sido un fundador de SCAA. Me simpatizaba mucho como individuo. Ted lo tomó bien y para su crédito escogió el camino decoroso y siguió prestando servicios a la asociación hasta 2007 cuando su reemplazo permanente fue contratado. Hasta el día de hoy, no puedo pensar en cualquiera que haya hecho más por la industria del café de especialidad que él.

La crisis financiera siguió exigiendo la atención de la junta incluso después que mi periodo finalizó. Dos años más tarde, la asociación pudo obtener una acusación contra Welker y posteriormente se declaró culpable de robo y fraude. En 2009, fue sentenciado a 33 meses de prisión y se le ordenó pagar más de $ 450,000 en restitución.

ORGANIZACIÓN DE CERTIFICACIÓN DE COMERCIO JUSTO

En 2003, mucho antes de que el escándalo Welker sacudiera al SCAA, Jan y yo estábamos a punto de irnos a unas cortas vacaciones cuando recibí una llamada de Paul Rice de TransFair USA.

"No me digas. ¡Quieres ponerme en otra junta! "

"De hecho, así es", dijo Paul sin una disculpa. "Yo quiero que te unas al consejo de la Organización de etiquetado de comercio justo, FLO, como representante del sector comercio."

"Estás bromeando", dije. Jan puso los ojos en blanco. Ella podía escuchar la discusión. "¿Me tienes en esta junta de SCAA y ahora quieres más? ¿No sabes que tengo el evento de SCAA cerca, sigo en Coffee Kids y todavía estoy haciendo mi trabajo habitual ... "

"Lo sé, lo sé. Pero FLO son solo cuatro reuniones al año. "Él me ablandó hablando de lo que habíamos hecho con el Comercio Justo en Green Mountain. "No digas sí o no. Habla con Jan, pero házmelo saber para el lunes, ¿está bien?" y él colgó. Admito que me sentí halagado de haber sido buscado para esto. FLO era el organismo que supervisaba las reglas de Comercio Justo para todo el mundo. Fue fundado en la década de 1990 como una federación de varias iniciativas nacionales de comercio justo en todo el mundo. Un corto tiempo después, FLO Cert se fundó como una organización de propiedad total, pero independiente que certificaría productos que cumplan con los estándares desarrollados por FLO. La junta de FLO tenía asientos para seis iniciativas nacionales, cuatro asientos para organizaciones de productores y dos para los compradores.

FLO tuvo una gran influencia. Desarrolló estándares para una gran cantidad de productos lo que podría marcar la diferencia de una manera mucho más grande que lo logrado por Coffee Kids, literalmente afectando a millones de personas. Por supuesto que apoyaba al Comercio Justo, pero para mí el punto principal fue siempre el impacto de nuestras acciones en los pequeños productores y sus familias La esfera de influencia de FLO no podía ser ignorada. Había una gran tentación para involucrarse.

A pesar de lo que había dicho Paul, yo sabía que el compromiso de tiempo sería considerable. Incluyendo mi tiempo de viaje, probablemente gastaría un mes por año para asistir a las reuniones de la junta en Europa y tal vez en otras partes del mundo.

Jan también sabía que consumiría mucho de mi tiempo, pero dijo que, si realmente pensaba en que podría marcar la diferencia, debería hacerlo. Me dije a mí mismo que si las cosas se volvían demasiado locas y esto llegaba a minar mi trabajo en Green Mountain o con el SCAA, siempre podría renunciar a FLO. Habiendo tomado una decisión, llamé a Paul el lunes por la mañana y acepté servir.

FLO EN ALEMANIA

En mi primer viaje a Bonn para una reunión de FLO, volé a Frankfurt. Era una mañana cruda y gris de noviembre cuando aterrizamos. Había dormido tres horas más o menos en el vuelo de Newark, así que tomé una taza de café en el piso de abajo en las vías del tren al aire libre. Compré un boleto de tren de segunda clase a Bonn y no conocía el sistema. Varios hombres alemanes compartían su desayuno de queso y pan conmigo. Rechacé la botella de cerveza que me ofrecieron. Incluso bajo la lluvia, el paisaje era magnífico: barcazas tendidas en el río Rin, viñedos en las colinas y castillos que parecían de libros ilustrados en lo alto de la colina con pueblos abajo.
Estaba asistiendo a esta reunión como un observador invitado. Serviría como una orientación informal, la oportunidad de conocer a los miembros de la junta y tener una idea del trabajo de la organización. La intención era que luego entraría plenamente en funciones en enero cuando me convertiría en un miembro oficial de la junta. La reunión se llevó a cabo en inglés con traducción al español. Un vertiginoso número de nombres y países rodearon la mesa-Victor Perez-Grovas de Chiapas, México, Goethal Peiris de Sri Lanka, Gilmar Laforga de Brasil, Raymond Kimaro de Tanzania, Harriet Lamb del Reino Unido, Gunnar Odegaard de Noruega, y así sucesivamente.

El primer ítem de la agenda principal fue discutir la admisión de café de grandes haciendas (o fincas) a FLO. Esto probaría ser un tema polémico a lo largo de mi mandato en la junta. Alguien había sugerido que aplicáramos el modelo de plantación de té de comercio justo para el café. En muchas partes del mundo, las grandes haciendas de té son la norma. Por otro lado, las fincas de café representan solo aproximadamente el 30 por ciento de la producción mundial de café. Lo común en café es productores de pequeña escala que poseen solo unas pocas hectáreas de tierra. Después de una hora de discusión, este tema fue aplazado hasta reuniones futuras.

Otro problema que se estaba considerando era desarrollar estándares para certificación de flores producidas en África. La iniciativa nacional de comercio justo Suiza, conocida como Max Havelaar Suiza, había recibido una solicitud de una gran cadena de supermercados suizos que quería vender flores certificadas de Comercio Justo. Paola Ghillani, miembro de la junta suiza, tenía conexiones en Kenia con productores de flores que estaban listos para llenar esta necesidad. Todo lo que faltaba era la certificación y un conjunto de estándares de comercio justo para las flores. El director ejecutivo de FLO dijo que tomaría algunos meses para desarrollar los estándares. La junta tendría que aprobar estos estándares en su reunión del próximo trimestre y los inspectores tendrían que ser entrenados, etc. Parecía que tomaría entre seis meses y un año antes de que el supermercado fuera capaz de vender flores de Comercio Justo.

Paola estalló. Ella dijo que, si FLO no podía desarrollar los estándares y capacitar a los inspectores más rápido, Max Havelaar Suiza lo haría por sí mismo. Un silencio embarazoso llenó la habitación. Me sorprendió mucho que el director ejecutivo y otros no hablaron para sugerir a Paola que "todos necesitamos seguir las reglas conforme lo establece FLO." ¿Quién estaba estableciendo estándares y procedimientos de certificación de Comercio Justo, entonces? Pensé que ese era el papel de FLO. Al final, FLO se movió rápidamente para cumplir con la petición de Paola.

Poco a poco, durante el resto de esa reunión, quedó claro que, a este punto en la vida de la joven organización, FLO era un convocante, no un líder. Había existido por seis años. Me llamó la atención el tono ocasionalmente antagonista con el que los miembros de la junta se comunicaban entre sí, independientemente de si el tema era precios, o productos, o votando. Pensaba que me había inscrito en un grupo que estaba en gran medida de acuerdo. En cambio, las discusiones y debates eran animados, y los miembros se atacaban como boxeadores. Como miembro representando a los compradores sin una circunscripción, tenía una ventaja: era neutral. Yo no venía de una iniciativa nacional o una organización regional de productores. En general, yo estaba del lado de los productores, pero no siempre. Pensé que la junta de FLO necesitaba urgentemente establecer cierta confianza entre los miembros y el personal y entre los miembros mismos. La organización necesitaba un moderador que pudiera ayudar a establecer confianza. A medida que observaba y participaba en reuniones posteriores, me impresionó que uno de los grandes problemas de FLO era estructural. El grupo era como los estados americanos bajo los Artículos de la Confederación, con miembros celosamente guardando su independencia. Hacer que todos estuvieran de acuerdo y trabajaran en armonía era como arrear gatos. También parecía haber un sesgo eurocéntrico en la junta. Hasta que me uní, Paul era el único miembro de la junta de América del Norte.

Siempre hubo un conflicto entre los productores y las iniciativas nacionales. No importa cómo se dorara la píldora, los grupos nacionales eran compradores que quería tener diferentes productos para vender y promocionar en sus países, mientras que las cooperativas eran vendedores, generalmente de un solo producto. Necesitábamos el impulso empresarial de las iniciativas nacionales, ¿quién conoce sus mercados mejor que ellos? pero al mismo tiempo, necesitábamos jugar con reglas estandarizadas para proteger la voz de los productores. Pensé que el propósito de servir en esta junta era beneficiar al productor de pequeña escala. En cambio, las iniciativas nacionales marchaban bajo su propio ritmo, desarrollando y comercializando productos dentro de sus propias fronteras. Pagaban la mayoría de los costos, por lo que entonces sentían que tenían derecho a los privilegios de propiedad.

Cuando surgió el tema de las normas de certificación, hablé por primera vez. Miré a mi alrededor y dije: "Pongamos todos los productos que queremos certificar sobre la mesa, prioricemos, elaboremos un cronograma, encontremos el personal, escribamos los estándares, que se revisen, encontremos inspectores y hagámoslo de manera organizada en vez al enfoque ad hoc que ha sido la norma". Los otros miembros de la junta solo me miraron. Pensé que pasábamos mucho tiempo girando nuestras ruedas y desafortunadamente, a pesar de mi sugerencia, tomó un largo tiempo para que la organización cambiara sus engranajes. Las iniciativas nacionales simplemente siguieron sus propios caminos y esperaba que FLO siguiera su ejemplo. Otra cuestión de soberanía era la demanda de algunas iniciativas nacionales de que se les permitiera mantener sus propios logotipos en lugar de usar el sello global de Comercio Justo. Conseguir que todos estuvieran de acuerdo en usar el sello tomó años; los Estados Unidos era el último en mantenerse resistente. Seguía pensando, si hablamos en serio sobre esto como una iniciativa global, todos deberían compartir el mismo logo. Con el tiempo, tal vez debido a la presión de sellos competitivos, la organización se volvió más organizada y disciplinada en su enfoque para el establecimiento de normas.

¿CERTIFICAR HACIENDAS, O NO?

El problema más polémico con el que FLO tuvo que lidiar era la pregunta acerca de certificar las grandes fincas de café. Esta discusión afectó a tres continentes y continuó durante la mayor parte del tiempo que estuve en la junta de FLO. Paul Rice estaba fuertemente a favor. Él miraba a los trabajadores de la finca como los más pobres de los pobres que deberían tener acceso a mejores condiciones de trabajo, que era la promesa del Comercio Justo. Yo no estaba en desacuerdo, pero les continuaba diciendo: "Necesitamos probar que puede funcionar mediante la implementación de un programa piloto con definiciones claras de cómo luciría el éxito debería ser el éxito. Necesitamos incluir en el diseño del piloto a algunas cooperativas que se resisten a la certificación de las grandes haciendas. Tenemos que demostrarles a las cooperativas que el dinero está yendo a los bolsillos de los trabajadores y no a los del dueño de la finca. Al final del día, todos los trabajadores deben tener de forma demostrable mejor comida, refugio y vidas, o no deberíamos seguir adelante".

Si las haciendas se certificaban bajo Comercio Justo, algunos de los pequeños productores temían que los tipos que ya tenían los recursos tendrían aún más ventajas. Tenía que haber un registro en papel de los beneficios para los trabajadores, no solo una calcomanía en una bolsa de café. No los habría culpado por sentirse traicionado, particularmente si hubieran comenzado a perder cuotas de mercado al competir con las haciendas. Sugerí que debería haber algunas nuevas reglas para requerir asistencia mutua entre las haciendas y las cooperativas. Esperaba que esto fortaleciese a ambos tipos de organización. Entonces podríamos evaluar cómo funcionaron. Sugerí que, si el piloto no tenía éxito, se sacara de la mesa de discusión durante cinco años antes de volver a intentarlo. No debíamos dejar las cosas en una zona crepuscular.

La junta estaba unificada en la mayoría de los asuntos. El nuevo director ejecutivo de FLO era un británico llamado Rob Cameron. Rob era brillante, equilibrado y compasivo. Fue un buen mediador entre los diversos campos. Él centralizó diplomáticamente el sistema de FLO al crear dos grupos de trabajo enfocados: uno para producción / certificación y uno para marketing. Esto aceleró mucho nuestro tiempo de respuesta a las solicitudes de certificación. Rob también simplificó los estándares del proceso de aprobación para la certificación de Comercio Justo. Habíamos tenido ambos, un comité de estándares y un comité de revisión para los estándares. Entonces la junta tenía que votar sobre los informes y recomendaciones para aceptar los estándares. ¡Habría cinco páginas de `estándares para revisar sobre kumquats! "Sácanos de aquí!" era una reacción común de la junta a cualquier nuevo informe de estándares. El proceso simplificado hizo nuestro trabajo más fácil y aligeró en varias libras el material de lectura en mi equipaje de avión.

Sin embargo, una frustración enconada en la junta fue que casi todos los años se solicitaba una iniciativa nacional diferente para asumir una carga financiera adicional por encima del compromiso anterior. FLO nunca logró resolver este asunto. Entre 2010 y 2011, TransFair tuvo que soltar más fondos de lo esperado y para satisfacer esa demanda tenían que despedir empleados, lo que molestó a Paul Rice.

Fue solo unos meses después que TransFair USA (ahora Fair Trade USA) dejara FLO. Al principio me sorprendió, pero luego me di cuenta de que esta ruptura tenía raíces que se remontaban a varios años. Un indicador que noté desde hacía tiempo fue el hecho que TransFair Estados Unidos no estuvo dispuesto a incorporar el sello o logotipo global de Comercio Justo. Participé en la junta de FLO porque pensé que esta era una gran oportunidad de construir un sistema para traer beneficios de comercio justo a los pequeños productores en todo el mundo. Para mí, la decisión de TransFair USA de abandonar esta organización global fue decepcionante. ¿Otros le seguirían? ¿Sería este el comienzo del fin de un movimiento unificado?

CONCLUSIONES

A pesar de los problemas de recaudación de fondos en Coffee Kids, la malversación de fondos en SCAA y las peleas en la sala de juntas en FLO, nunca me arrepentí de tomar estos deberes adicionales. El consejo asesor de Coffee Kids sirvió como una rampa de entrada a la autopista del café especial. Los contactos que hice en este grupo fueron las primeras tarjetas en mi rolodex para mi trabajo voluntario fuera de Green Mountain Coffee Roasters. Coffee Kids también sirvió para mostrarme el rostro humano del café. Me expuso a las personas que realmente cultivaron y produjeron el café que ponía en el molino todas las mañanas para despertarme.

La experiencia de SCAA me dio exposición a una variedad de personas de todas partes del proceso de árbol a taza. El café de especialidad era una industria joven y de rápido crecimiento, pero aún era lo suficientemente chica como para que una persona de una empresa relativamente pequeña (lo que era Green Mountain) pudiera tener alguna influencia. No fue como lo que supongo sería trabajar en una pequeña división de Oracle o GE (General Electric)- donde, incluso si tienes la oportunidad de ir a una conferencia de la industria, estás tan lejos en medio de la maleza que no tienes una perspectiva real o influencia.

Fue una gran educación para mí ir a las conferencias de SCAA todos los años. Rápidamente acumulé una gran variedad de contactos en toda la industria. Con el tiempo, la gente comenzó a conocerme y eso abrió las puertas a todo tipo de invitaciones para hablar en Estados Unidos y en el extranjero. Entre más contactos hice, se abrieron más puertas y más oportunidades tuve efectuar el cambio.

Pero las circunstancias de la malversación de SCAA todavía me persiguen. Era sin duda el episodio más oscuro de mi tiempo sirviendo en SCAA, pero, afortunadamente, no destruyó el crecimiento de la organización o el movimiento hacia la responsabilidad social corporativa y ciertamente no destruyó mi respeto por la organización o sus miembros.

El trabajo de FLO fue importante porque me puso en contacto con otro cuadro de personas, no solo aquellos en la junta, sino también en las asambleas de productores de Comercio Justo. Trabajar en FLO me ayudó a aprender a mediar puntos de vista contradictorios de personas perfectamente decentes que tratan de encontrar un terreno común. La junta de FLO también era diferente porque tenía un enfoque objetivo claro en el establecimiento de estándares y fue totalmente internacional. Durante mi mandato de seis años allí, traté de equilibrar las necesidades de los productores con las del mercado, sin embargo, siempre gravité de nuevo para consolidar el apoyo a los pequeños caficultores en sus esfuerzos para mejorar la calidad de sus vidas. Me di cuenta de que la mayoría de los miembros de la junta sentados alrededor de la mesa no habían tenido la misma oportunidad de visitar a productores de café tantas veces al año como yo y, por lo tanto, sentí una fuerte obligación de compartir lo que había aprendido de primera mano sobre las condiciones en el campo. En una reunión de FLO, el tema era si elevar el precio mínimo pagado a los caficultores. Siempre es un acto de equilibrio cuando se habla de aumentar precios. Si su aumento es demasiado pequeño, los agricultores no ganan mucho más. Si es demasiado grande, el volumen puede caer y los productores obtener incluso menos. Acababa de regresar de realizar entrevistas uno-a-uno con el Centro Internacional para Agricultura Tropical (CIAT) en algunas partes de nuestra cadena de suministro en Nicaragua. Yo había visto el hambre de los agricultores de primera mano. Le dije a la junta que no había manera de que pudiera votar en contra de este aumento en los pagos a los productores. Incluso con este aumento, ellos aún tendrían dificultades. En última instancia, tomamos una votación y FLO aumentó el precio pagado a los productores de café de Comercio Justo.

Mirando hacia atrás en estos puestos de voluntario que expandieron mi trabajo a través del mundo, puedo decir honestamente que no estaba buscando formas de tener más influencia en la industria del café; pero sí quería ayudar a mejorar la vida cotidiana y las condiciones de vida de los productores de café. Y así cuando la gente preguntaba por mi ayuda, solo dije que sí siempre que pude. No tenía mucha confianza en el inicio. A medida que me involucré más, me sentí más cómodo y seguro. Realmente tuve una buena carrera y fui muy afortunado de que Green Mountain me permitiera hacer todas estas cosas. Seguramente no podría haberlos hecho si hubiera estado dirigiendo mi propio negocio. Tal vez podría haber comenzado mi propia empresa y usarlo como un púlpito intimidatorio. Pero hubiera sido un pequeño púlpito intimidante, mientras que Green Mountain me ha dado la oportunidad de afectar muchas más vidas.

CAPÍTULO SEIS

Nuevo Trabajo, Nuevo Continente

En noviembre de 2005, el vicepresidente de responsabilidad social corporativa (RSC) de Green Mountain Mike Dupee, le pidió a nuestra jefa de compras de café Lindsey Bolger, Jon Wettstein y a mí que fuéramos a su oficina para darle su opinión sobre una nueva descripción de trabajo que estaba a punto de publicar. Era para el puesto de Director de Relaciones con Comunidades de Café. Mike había abandonado una carrera en Wall Street para regresar a Vermont y dirigir nuestro departamento de RSC. Él era brillante y serio en su enfoque de trabajo y tenía un buen sentido del humor. Él nos recordó que la compañía había estado dejando de lado el 5 por ciento de sus ganancias antes de impuestos para invertir en proyectos en lugares donde hacíamos negocios. Alrededor de la mitad de estos fondos se pusieron a trabajar en los Estados Unidos y la otra mitad fueron proyectos de apoyo en comunidades de nuestros orígenes de café. Mike continúo diciendo que se lo debíamos a nuestros accionistas, empleados y destinatarios de nuestras subvenciones el asegurarnos que el dinero era gastado correctamente.

Ese año, el monto que se asignaría a las comunidades de café era de $300,000, pero Mike proyectó que en cinco años podríamos duplicar o triplicar esa cifra. Necesitábamos encontrar formas claras de medir la efectividad de los programas que estábamos apoyando. Él propuso tener dos personas supervisando la distribución de fondos: alguien para los proyectos domésticos y alguien para los internacionales. El puesto de trabajo que tenía la intención de publicar supervisaría la filantropía del 5 por ciento dirigido al lado internacional o de la cadena de suministro. Lindsey, John y yo apoyamos la idea, aunque sugerí no obsesionarse con mediciones puramente numéricas. El enfoque, sentí, debería estar en el "hacer", tomando las medidas para garantizar que estaríamos haciendo las cosas correctas en los momentos correctos en los lugares correctos.

Aproximadamente tres días después, el Director de Operaciones Scott McCreary entró en mi oficina y cerró la puerta. La oficina de Scott estaba al lado de la mía y nos encontrábamos media docena de veces al día. Nosotros nunca cerrábamos las puertas. ¿De qué se trataba todo esto? ¿Estaba yo siendo despedido? ¿La compañía estaba en crisis? Los pensamientos se apresuraron en mi cabeza. Scott me preguntó si había visto la nueva descripción del trabajo que Mike había creado y luego me preguntó qué pensaba al respecto. Repetí lo que había dicho a Mike, que era una buena idea, pero parecía demasiado centrado en la medición. Solo teníamos $ 300,000 para dar; ¿Qué estábamos midiendo? Solo teníamos dos destinatarios principales: Coffee Kids y Grounds for Health. Grounds for Health había sido fundado por Dan Cox y el Dr. Francis Fote y se enfocaba en proporcionar métodos para detección temprana de cáncer de cuello uterino, que era extendido entre las mujeres en las zonas del cultivo de café.

Scott asintió y dijo que cuando leyó la descripción del trabajo, había pensado inmediatamente en mí. Habló del trabajo que había hecho para Coffee Kids para las juntas de FLO y SCAA, mi trabajo voluntario, mi español fluido: me estaba reclutando para un puesto que yo no sabía que existía tres días atrás. Naturalmente, respondí que no había considerado el puesto para mí mismo cuando revisé la descripción del trabajo con Jon y Lindsey. Estaba feliz en mi trabajo de relaciones públicas.

"¿Es un papel que crees que te puede gustar? ¿Algo que considerarías?" preguntó. "Me estoy reuniendo con el Vice Presiente de recursos humanos y Bob Stiller en quince minutos, y me gustaría decirles que lo pensarás".

Tomé una respiración profunda y exhalé lentamente. "Sí. Lo pensaré, pero si estás buscando a alguien que entre y resuelva de inmediato todos los problemas en las comunidades de nuestro suministro de café, ese no soy yo".

"Eso es todo lo que necesito", dijo, y se fue.

Durante el fin de semana, pensé más sobre eso y hablé con Jan. Significaría más viajes, para bien o para mal. El título, Director de Relaciones con Comunidades de Café, no significaba nada para mí, nunca significaron nada. Pero la oportunidad de desarrollar y supervisar proyectos que realmente ayudaran a productores de pequeña escala, eso significaba algo para mí. Yo podría ayudar a decidir qué proyectos apoyar. Podría tener la capacidad de alejarnos de las inversiones en la infraestructura de producción de café para ayudar a los productores de café a cubrir sus necesidades por sí mismos. El enfoque de la infraestructura era miope y extractivo, no siempre productiva. Once años en relaciones públicas promoviendo lo que los demás estaban haciendo era suficiente y pensé que esta nueva posición podría darme la oportunidad de ser yo mismo un "creador".

El lunes a media mañana, Scott asomó la cabeza por la puerta. Por unos pocos segundos, solo nos miramos el uno al otro. Él quería que hablara primero y dijera que tomaría el trabajo y yo quería saber qué había pasado en la reunión con Bob. Finalmente, rompí el silencio. "Tomaré el trabajo si me lo ofrecen". Sonrió ampliamente, "Bob estará encantado. ¡Estaba realmente impresionado de que dijeras que no tienes todas las respuestas!". Era la primera vez que conseguía un trabajo prometiendo que no sabía las soluciones a los problemas.

PRIMER VIAJE A ÁFRICA

La maquinaria de recursos humanos de Green Mountain se movió lentamente durante la temporada de vacaciones. Antes de que pudiéramos completar la transición de trabajo, tuve la oportunidad de ir al este de África. Como presidente de la SCAA, me invitaron a hablar acerca de las tendencias en café especial y calidad de café en la Conferencia de la Asociación de Café Especial de África Oriental en Arusha, Tanzania. Lindsey Bolger también iba a participar haciendo evaluaciones de café y llevaría a su hijo de seis años, Stephen. Lindsey se conmovió por lo que Jane Goodall había dicho en la conferencia SCAA y se había acercado al Instituto Jane Goodall para explorar cómo Green Mountain podría desarrollar un café de esa región. Además, Lindsey quería visitar dos cooperativas en Ruanda que suministraban café a Green Mountain y donde ella se había ofrecido para entrenar catadores. Para completar nuestro equipo, Laura Peterson, redactora en el departamento de marketing, se unió al viaje para contar la historia de nuestros nuevos productos.

Mientras Lindsey estaba buscando empresas comerciales, yo estaba buscando proyectos potenciales para apoyar. En ese momento Green Mountain no estaba impulsando ningún esfuerzo de RSC en África. Aunque sentía que tenía un muy buen entendimiento de los desafíos y oportunidades que enfrentan los caficultores de América Latina y sus familias, África era completamente nueva para mí. Habíamos estado comprando cafés de África desde el principio y estábamos buscando hacer crecer estas compras. África necesitaba estar en nuestro radar para futuros proyectos y no sabía una mejor manera de comprender la situación que ir a ver a los productores. En enero, dejé la oscuridad nevada de la madrugada de Underhill, Vermont. Veintiséis horas después, aterrizamos en Dar es Salaam, Tanzania, la luz de la luna reflejándose en los techos de metal corrugado de las casas pequeñas a lo largo de la pista.

Temprano a la mañana siguiente, nos dirigimos de regreso al aeropuerto para tomar un vuelo a Kigoma, pero al llegar, tuvimos un duro golpe. Nos dijeron que tendríamos que pagar nuestros boletos a Kigoma en efectivo; la pequeña aerolínea no aceptaba tarjetas de crédito. Luego descubrimos que ninguno de los cajeros automáticos del aeropuerto estaba funcionando. Al juntar nuestro efectivo, obtuvimos $ 720 de los $ 1200 requeridos. Después de que discutimos entre nosotros sobre quién debería quedarse, el empleado de la aerolínea tuvo fe y nos dio a todos nuestras entradas y tarjetas de embarque. Su condición era que pagáramos a los empleados de Precision Air en Kigoma cuando aterrizáramos y ellos le enviarían el dinero a él para que no perdiera su trabajo. Él nos dijo que había un banco con un cajero automático en el centro de Kigoma. Cuando nuestro avión de hélices aterrizó en la franja de tierra roja en Kigoma, nos encontramos con Emmanuel Mtiti, el gerente general del Instituto Jane Goodall. Tenía cuarenta y cinco años, robusto, con una gran sonrisa y formalidad. Fuimos inmediatamente al banco, pero estaba cerrado. El cajero automático no aceptaba tarjetas de débito solamente VISA. Pude obtener un adelanto en efectivo lo suficientemente grande como para cubrir nuestros boletos y reembolsar al empleado de la aerolínea. Todos estábamos agradecidos por su confianza y aliviados de que nuestra primera pelea por adversidad del viaje había terminado.

Nuestra primera parada fue en la sede del Instituto Jane Goodall (JGI). El Instituto se encuentra a orillas del lago Tanganyika y consta de tres componentes: el Centro de Investigación de Gombe, fundado en 1960; "Roots & Shoots", un programa educativo; y un programa para todas las edades, "Cuida de tu entorno"(Take Care of Your Environment -TACARE). La reserva de Gombe, que es ahora un parque nacional, se encuentra a dos horas en bote al norte de las oficinas de JGI en Kigoma. TACARE se inició en 1994 cuando Jane comenzó a preocuparse cada vez más de la degradación ambiental que estaba teniendo lugar fuera de la Reserva y su efecto sobre el hábitat de los chimpancés. El programa estaba destinado a ayudar a reforestar áreas fuera de la Reserva Gombe. Después de tres años, descubrió que el medio ambiente no era el único desafío. Había muchas necesidades: educación para mejorar las prácticas agrícolas, la agroforestería, el acceso a la atención médica, educación en planificación familiar y conciencia y prevención del SIDA.

Al día siguiente, manejamos hacia el norte por un camino de tierra a lo largo del lago y luego giramos tierra adentro a la Cooperativa de Café Kalinzi que bordea la Reserva Gombe. Jane había mencionado esta cooperativa y sus productores en su discurso de apertura en la Conferencia de SCAA. El Instituto quería ayudar a estos productores a permanecer en el área y continuar cultivando café de sombra porque proporcionaba a los chimpancés un mejor hábitat. Los dos mayores desafíos fueron encontrar un mercado para él y encontrar una forma de transportar el café por todo el país hasta el puerto antes que perdiera su calidad.

Lindsey había catado algunos de los cafés de Kalinzi en Waterbury con muestras que ellos habían enviado. En base a sus evaluaciones iniciales, ella sintió que valía la pena hacer el viaje. La cooperativa tenía un par de cientos de miembros, algunos de ellos vivían y cultivaban el café en aldeas extremadamente aisladas. El área era montañosa, aunque el terreno no era tan empinado como en muchas partes de América Central y los árboles proporcionaban a las plantas de café mucha sombra. Kalinzi estaba localizado pocos kilómetros hacia el interior desde el lago Tanganyika, a una altitud razonable, con una vista ocasional de millas.

Visitamos un beneficio seco y una bodega. El equipo del beneficiado seco era menos avanzado que en América Latina, pero parecía estar bien mantenido. Luego, visitamos algunas de las parcelas de café de cinco acres. Fue justo antes de la cosecha, por lo que los caficultores se estaban preparando. Un productor de 70 años sirvió como nuestro guía. Era una máquina fuerte que saltaba por la tierra como una cabra de montaña; apenas podíamos seguirle el ritmo. Mis carreras con Cate Baril evitaron que pasara vergüenzas, pero aún no puedo imaginar tener tanta energía en mis 70 años.

Después de regresar a Kigoma, hicimos planes para subir a la Reserva Gombe y ver los amados chimpancés de Jane. Compramos un poco de pan, Nutella y plátanos como desayuno para el día siguiente y nos dirigimos al campamento de JGI en el lago Tanganyika. Contratamos una lancha de madera cubierta por un lienzo y nos metimos en el barco de madera de veinte pies impulsado por un motor fuera de borda. Durante el viaje en bote de dos horas, la deforestación de las laderas y la destrucción de la tierra fueron impactantes. Casi la totalidad de la costa había sido deforestada por la agricultura de tala y quema. La reserva de Gombe con su exuberante selva tropical era, por el contrario, un oasis de tranquilidad verde. Cuando el barco finalmente llegó al muelle en Gombe, el personal del parque compuesto por cinco hombres llegó corriendo a nuestro encuentro. Nos enteramos de que el parque solo recibe alrededor de un puñado de visitantes al día. Jane estaba allí y Anthony, su asistente de mucho tiempo, sugirió que dejáramos nuestras pertenencias en el barco y fuéramos a sentarnos en la playa con ella. Caminamos unos cien metros por la playa y allí estaba la familiar figura de Jane, que nos dio una cálida bienvenida. Nos sentamos en la playa y vimos el sol caer sobre el Congo devastado por la guerra en la orilla opuesta del lago. Anthony caminó hacia el campamento de Jane y regresó con gafas y una botella de ginebra de Tanzania. Hablamos sobre la promesa y las trampas del café de Comercio Justo y sobre los disturbios políticos en la región. Jane nos contó sobre las noches cuando se podía ver el fuego de las personas quemando sus cultivos para no dar comida al ejército. A veces ella escuchaba disparos.

Después de una cena compartida en el complejo de Jane, pasamos la noche en un hostal que eso fue protegido con malla de gran calibre para mantener a los mandriles fuera. Por suerte, no tuvimos visitas durante la noche. Yo no era el único sin deseo de despertar y ver a un babuino sentado en mi cama o causar estragos en el pórtico. A la mañana siguiente, después de un desayuno de Nutella y plátanos, Laura y yo contratamos a un guía para que nos llevara a las montañas a ver a los chimpancés. Después de subir durante una hora y media, escuchamos a los chimpancés y seguimos a nuestro guía en la dirección de las llamadas de los chimpancés. Subimos un montículo cubierto de hierba y cerca de su cresta podíamos comenzar a ver las copas de los árboles frutales en el otro lado. Tan pronto como llegamos a la cima, se desató el infierno. Aproximadamente quince chimpancés nos gritaban desde sus palos en las ramas de los árboles. Mi corazón estaba en mi garganta. Después de un minuto, los gritos fueron parando hasta silenciarse mientras los chimpancés continuaban con sus vidas. Estábamos en su territorio y nos dieron una breve vislumbre de sus vidas; fue increíble.

Después de ver la Reserva de Gombe y ver el efecto positivo de Kalinzi en la población de humanos y chimpancés, todos estábamos convencidos de que obtener buen café de esta parte del mundo era importante. Mientras que el café podría ser exportado, la ruta por tierra no era fácil. Eventualmente trabajaríamos con un exportador para facilitar este proceso. Cuando el café finalmente llegó a Waterbury, nuestra variedad Reserva de Gombe de Tanzania fue el primer café en recibir el sello "Good for All" (bueno para todos) de Jane Goodall, que significa un mejor pago para los productores y un compromiso de proteger el medio ambiente y la vida silvestre del planeta. Mientras Lindsey iba a estar trabajando en el lado comercial, comencé a planear para identificar los tipos de desafíos que enfrentaban los caficultores. Yo quería hablar con personas de la cooperativa y el JGI y especialmente con los propios productores. El JGI estaba apoyando el desarrollo de la comunidad en el área, asistiendo a miembros de la comunidad con programas de microcrédito, haciendo que estuvieran disponibles becas y ayudando a mejorar el saneamiento porque el cólera era un problema persistente. Me sorprendió lo similares que estos proyectos eran a aquellos que apoyábamos en América Latina. Las necesidades de los productores de café de Latinoamérica y África eran sorprendentemente similares: saneamiento, salud, alimentos y agua potable. Eventualmente, las primeras iniciativas de proyecto de Green Mountain en África involucrarían apoyar el desarrollo y la distribución de bajo costo, de estufas tipo cohete de alta eficiencia y bajas emisiones para cocinar, así como un proyecto de riego por goteo para huertos locales.

CITA EN ARUSHA

La siguiente aventura para nuestro equipo de viajeros de Green Mountain fue un vuelo a Arusha para la Conferencia de la Asociación de Café Fino de África Oriental. Pronuncié un discurso allí, casi estándar para entonces, sobre las tendencias en el café de especialidad. Hablé sobre el creciente interés de los consumidores en los orígenes de su café. Ellos querían respuestas a preguntas fundamentales: ¿los productores reciben un salario justo? ¿Cómo es su calidad de vida? ¿A qué retos y oportunidades se enfrentan? ¿Cómo está respondiendo la industria a estas preguntas? Las certificaciones ayudaron a identificar a caficultores que hasta ahora habían sido productores anónimos. Mientras tanto Lindsey dio una serie de talleres de catación. Hacia el final de la conferencia, nos encontramos con Tim Schilling de Texas A & M University. Tim era el director del Proyecto PEARL y él sería nuestro anfitrión en Ruanda. Él era muy inteligente y amistoso. Lindsey lo había conocido en varios de sus viajes anteriores a Ruanda. El proyecto Asociación para Mejorar la Agricultura en Rwanda a través de Alianzas (PEARL) fue constituido en 2000 por Texas A & M y la Universidad del Estado de Michigan, con fondos de la Agencia de los Estados Unidos para el Desarrollo Internacional (USAID). El objetivo era utilizar cafés especiales de Comercio Justo como un medio para ayudar a reconstruir la economía devastada de Ruanda.

La conexión de Green Mountain con el café de Rwanda había comenzado en 2002, cuando organizamos un grupo de agricultores en Waterbury. Habían recorrido nuestra instalación de tostado, participaron en sesiones de catación y exploraron formas de conectarse con los consumidores en Estados Unidos. Desde entonces Lindsey había hecho una serie de viajes a Ruanda en misiones de voluntariado para ayudar a capacitar a las cooperativas en la evaluación del café. Cada año ella había visto una mejora gradual en su café.

Tim había hecho los arreglos para que acampáramos en Tanzania en nuestro camino a Ruanda en un cuasi safari, ¡ese era una forma diferente de viajar al lugar de trabajo! Enero en Vermont me encontraría esquivando hielo negro y ocasionalmente alces; aquí nos movíamos y esquivábamos baches y barrancos del tamaño de un alce, así como manadas de cebras, gacelas y elefantes.

En el largo viaje por Tanzania, Lindsey nos contó la historia del café de Ruanda. Había visto la película Hotel Ruanda y había visto las noticias de la matanza compulsiva de cientos de miles de las minorías Tutsis en manos de la mayoría Hutus en 1994. Años de rivalidad étnica y política colonial habían cocinado a fuego lento el caldo de violencia. Solo doce años antes, el 20 por ciento de la población del país había sido masacrada en una orgía de violencia de cien días. Pero antes de toda esta tragedia, el café había sido la columna vertebral de la economía de Ruanda. Antes del genocidio ascendía a casi el 90 por ciento de las exportaciones del país. Después del genocidio, cayó al 10 por ciento.

Sin embargo, Ruanda aún era bendecida con todos los componentes esenciales para la producción de café especial: caficultores calificados, una larga tradición, orgullo por cultivar café de calidad y condiciones ambientales ideales con altitudes elevadas, precipitaciones y ricos suelos volcánicos. También tenían una ventaja accidental. Los ruandeses no se habían unido a la estampida de café robusta, de mayor rendimiento, pero de menor calidad. Podían reconstruir su industria con sus árboles de alta calidad de café arábica bourbon, que habían sido descuidados, pero no destruidos durante el genocidio. Fue como encontrar a Van Gogh escondido en tu ático. Los ruandeses todavía tenían los árboles que tantos otros habían talado. "Hallar esos árboles fue motivo de celebración ", dijo Lindsey. Antes de que saliéramos de Vermont, Lindsey había convencido a Green Mountain de comprar su primer contenedor de café de Ruanda. La compañía planeaba usarlo para crear un Spring Revival Blend (Mezcla Renacimiento de Primavera). Acabábamos de anunciar su venta en nuestro sitio web. Lindsey sentía una gran pasión por el café de Ruanda y quería hacer todo lo posible para ayudarlo a regresar al mercado global. El problema era que los volúmenes aún eran pequeños.

Cuando salimos de Tanzania y cruzamos el puente hacia Ruanda por encima de las cataratas Rusumo en el río Kagera, los conductores nos dijeron que durante el genocidio el río estaba periódicamente lleno de cuerpos. Una vez que cruzamos a Ruanda estábamos en un camino nuevo, parte de un esfuerzo, esperaba, para construir un nuevo país.

En la ciudad universitaria de Butare, nos encontramos con un representante de Heifer Internacional. Habíamos arreglado esto de antemano a través de la oficina de Heifer en Little Rock. Quería escuchar acerca de sus proyectos para ver si habría algo que podríamos apoyar. Debido a que uno de los desafíos a los que se enfrentaban las cooperativas de café era la falta de fertilizante, hablamos sobre cómo el tener animales domésticos ayudaría. El representante de Heifer simpatizó con la idea, pero enfatizó que era necesario hablar con las cooperativas y asegurarse de que realmente querían probar esto. Estaba completamente de acuerdo con este enfoque desde la base. Nosotros habíamos estado practicando el mismo tipo de enfoque comunitario en América Latina. Esta discusión fue bastante tentativa porque no teníamos el dinero en nuestro presupuesto todavía para asumir un gran proyecto con Heifer International. Lo archivé como una posibilidad futura.

En la oficina de PEARL recogimos a nuestra guía y traductora, Alice. Alice era una ruandés de veintiséis años que pronto nos impresionó con su serena dignidad y su voluntad de sobrevivir cuando tantos otros habían perecido. Mientras estábamos conduciendo más tarde ese día, Alice nos contó su historia. Ella había perdido a toda su familia en el genocidio cuando tenía catorce años. Se mudó a Kigali, la capital, para vivir con una tía que la envió a un internado católico. En la escuela, Alice no podría enfocarse en su trabajo. Una monja vino y habló con ella, y le preguntó: "¿Por qué no estás trabajando? Sabes que no puedes quedarte aquí a menos que trabajes". A lo que Alice respondió: "No tengo familia para apreciar mi trabajo. No tengo ninguna razón para seguir viviendo."

Alice transmitió cuidadosamente lo que la monja le había dicho a ella, "Alice, esas son dos buenas razones y ahora lo entiendo. Tengo una pregunta para ti. ¿Qué crees que tu madre estaba pensando justo antes de morir, sabiendo que eras el único miembro de la familia que tuvo la oportunidad de sobrevivir? Creo que estaba pensando que eres la única esperanza de la familia. ¿No crees que a ella le habría gustado que trabajases duro y triunfaras?". La conversación dio un giro en la vida de Alice. Ella se esforzó hasta obtener su Licenciatura en Artes y luego viajó a los EE. UU. para seguir estudiando. Ella estaba comprometida a ayudar a su país a sanar sus heridas de la misma manera que ella había curado las suyas. Hablando con Alice, me convertí en un comprometido en ayudar a los ruandeses a sanar y tener éxito a través de los únicos medios que yo podía, el café.

Justo antes de llegar a nuestra próxima cooperativa de café, Maraba, nos detuvimos en un memorial del genocidio que fue construido en una escuela. Alice nos dijo que en esta escuela 40,000 personas se habían refugiado porque las tropas francesas estacionadas allí habían dicho que los protegerían. Pero los franceses fueron retirados de repente y casi todas las personas fueron asesinadas en cuestión de cuatro días. En el memorial había un edificio principal y luego una docena de edificios de aulas separadas en dos filas. En uno de estos edificios, la única exhibición era un tendedero colgado en la habitación, con la ropa ensangrentada con la cuenta de las víctimas que colgaban de él. En otro edificio, el piso estaba cubierto de esqueletos de bebe cubiertos de cal. Otro estaba lleno de esqueletos de adultos. Mi cabeza giraba con el olor a la humedad de la descomposición. El monumento no era como un museo del holocausto europeo; no tenía una sensación fría y esterilizada. Los cuerpos estaban allí y el ligero hedor de su descomposición estaba en el aire, abrumándome con la injusticia de sus asesinatos. Fue un poderoso recordatorio de la capacidad de crueldad de la humanidad y de la industrial fuerza del mal.

Al reflexionar sobre mi primera incursión en África, no pude evitar comparar con mis experiencias en América Latina. Mis primeros viajes a Guatemala y Chiapas, México tuvieron lugar durante tiempos de guerra civil y de revolución en ambos países. No hacía muchos años antes, se habían librado guerras civiles en El Salvador y Nicaragua. Esas guerras civiles parecían ser más políticas y económicas. Allí, una minoría elitista utilizó la violencia para reprimir a la gran mayoría de campesinos. En Ruanda, las muertes superaron a América Latina en escala y velocidad. En Guatemala 300,000 fueron asesinados en treinta años; en Ruanda 900,000 fueron ejecutados en noventa días. Casi todos los que conocimos habían perdido a miembros de su familia durante el genocidio.

Ahora, el café unía a tutsis y hutus hacia una nueva prosperidad. Nuevas tiendas pequeñas se estaban abriendo donde no habían existido antes, creando diversificación económica y empleo no cafetero. Los ruandeses parecían estar construyendo cooperativas de calidad, fuertes y funcionales. Estaban administrando con éxito sus comunidades y mejorando la calidad de sus vidas.

Justo antes de salir de Ruanda, fuimos a la residencia del embajador de los EE. UU. a una recepción y desayuno-almuerzo para nosotros y los miembros del proyecto PEARL. Cuando se me pidió que hablara, le comenté de nuestra reunión sobre la nueva Mezcla Renacimiento de Primavera, que usaría café de Ruanda. La mala noticia es que el barco que contenía el café de Ruanda aún no había llegado. Pero las buenas noticias, e hice una pausa aquí, era que todo el envío ya estaba agotado. La gente vitoreó. ¿Cuántas veces el café ha hecho que los adultos celebren? Fue una forma espectacular de terminar nuestro viaje a África del Este. Me hizo sentir muy bien sobre lo que estábamos haciendo.

Durante todo el viaje, quedé impresionado con la dulzura de la gente. En cada punto de nuestro itinerario, las familias de productores simplemente nos llenaban de atenciones. Esto fue particularmente notable porque el nivel general de pobreza en el área era sorprendente. Fue significativamente más amplio en alcance y más profundo el impacto que cualquier cosa que haya visto en América Latina. Comparativamente, la vida en América Latina parecía estable y próspera. Necesitábamos hacer más aquí y sabía que yo necesitaba ser proactivo para descubrir cómo y dónde comenzar.

AYUDANDO A DAVID CONTRA GOLIATH

En la conferencia de SCAA en la primavera de 2006, celebrada en Charlotte, di mi discurso en retrospectiva sobre lo que habíamos logrado durante mi mandato como presidente de la Asociación y le pasé el mazo de presidente al presidente entrante. Pensé que ahora tendría la oportunidad de pasear por las exposiciones sin responsabilidades oficiales. No por mucho tiempo. Seth Petchers, un joven empleado en Oxfam me llevó aparte y me preguntó si podíamos hablar. Seth tenía un corte de pelo militar, cejas oscuras y ojos intensos. No perdió el tiempo. Me preguntó si sabía qué estaba haciendo Starbucks sobre el café etíope. No sabía. Me dijo que Starbucks estaba saliendo con un producto llamado algo así como "Shirkina Sidamo Secado al Sol" y al hacerlo estaban tomando el control sobre uso del nombre de Sidamo. Sidamo es una de las tres principales regiones cafeteras de Etiopía. Las demás son Harrar y Yirgacheffe. En esos años, Green Mountain estaba comprando 20,000 libras de Yirgacheffe anualmente. Seth pensó que era ilegal y escandaloso que una compañía multinacional pudiera apropiarse del nombre de una región de un país para sus propios beneficios. Dije que lo investigaría.

En el mes siguiente, me enteré de que Starbucks quería registrar el nombre del café, no de la región y le dije a Seth. Todavía le preocupaba que Starbucks u otras compañías robarían el nombre de una de estas regiones para registrarlas como marca. Comprensiblemente, los etíopes ahora querían encontrar formas de proteger y aprovechar los nombres. Seth me preguntó si estaría dispuesto a hablar con Ron Layton de la firma Light Years IP. La compañía se enfocaba en ayudar a los productores a agregar valor a productos básicos como el café. Me encantaría hablar con Ron.

Layton era un economista con sede en Washington. Él pronosticó que la marca registrada de esos nombres de región podría agregar casi $ 90 millones al año a los ingresos de exportación de Etiopía. Dijo que Europa, Japón y Canadá tenían registradas ya marcas como Etiopía y que la oficina de marca registrada de Estados Unidos también podría hacerlo, si no fuera por la oposición de Starbucks. Layton tenía redactada una propuesta de acuerdo de licencia en nombre de la oficina de propiedad intelectual etíope y le gustaría que yo lo revisara desde la perspectiva de Green Mountain. Me envió su documento borrador que declaraba que Etiopía poseía los nombres regionales de Yirgacheffe, Sidamo y Harrar.

Le dije que me parecía razonable, pero que pediría a nuestro asesor legal que lo revisara. Informé a otros en Green Mountain lo que estaba pasando, incluidos Jon Wettstein, Mike Dupee y Lindsey Bolger y les pedí que lo revisaran también. Envié un fax con el documento de Ron a Sharon Merritt, nuestra abogada para asuntos de propiedad intelectual, para tener su opinión. En menos de quince minutos después de enviarlo, Sharon me llamó diciendo, ¡"Rick no puedes firmar algo como esto! Es muy amplio. ¿Cómo se puede registrar una región?" Starbucks había hecho su tarea; la ley de los Estados Unidos parecía estar de su parte.

No quería decirles a los etíopes que estaban completamente equivocados. Toda la situación se sentía injusta. Uno de los países más pobres del mundo: el lugar de nacimiento del café: no podría obtener un valioso reconocimiento de marca por sus legendarios cafés. Le pregunté a Sharon si ella podía usar el documento como base para escribir un acuerdo que pudiéramos firmar. Ella dijo que lo intentaría. Le dije al equipo de Green Mountain que sentía que debíamos apoyar los esfuerzos de Etiopía. Incluso si ellos perdían en el tribunal, ¿qué tenemos que perder con una muestra de solidaridad? Creía que nuestro apoyo sería apreciado por los etíopes y por el público en general. Tenía una fuerte convicción sobre este tema y nadie estaba en desacuerdo. Para mí, era simplemente una cuestión de lo que era justo, no lo que era legal.

Mientras tanto, se estaba calentando una batalla pública entre Oxfam y Starbucks. Oxfam lanzó una campaña en YouTube en la que voluntarios entrevistaban personas saliendo de una tienda de Starbucks y les preguntaban cuánto pensaban que el productor de café etíope estaba recibiendo de su compra. Cuando los clientes se enteraron de la disparidad de los precios, dirían cosas como: "Eso no es justo!" y "No volveré aquí". Starbucks se defendió en YouTube al día siguiente. En lugar de decir algo diplomático como, "Tenemos una diferencia de opinión y estamos trabajando juntos para encontrar entendimiento y fortalecer nuestra comprensión y relación", dijeron en esencia que el gobierno de Estados Unidos mostraría que los etíopes estaban equivocados y no tenían ningún derecho a registrar como marca sus regiones. Como alguien que había estado en el campo de relaciones públicas por más de diez años, con amigos en Starbucks, fue doloroso para mí ver esta batalla desarrollarse.

Seguimos trabajando en el acuerdo de licencia. Tomó mucho tiempo y muchas conversaciones con Ron y su equipo. En este punto, los etíopes comenzaron a sentir que incluso con Green Mountain en su esquina, este proceso iba a tomar más tiempo de lo que habían previsto. Ron Layton sugirió desarrollar una "carta de intención" que todas las partes pudieran firmar. Diría algo así en términos generales: "Creemos que estos nombres regionales pertenecen a Etiopía. Y esperamos aumentar nuestras compras de café de alta calidad de estas regiones y apoyar a los productores etíopes donde sea que podamos". Cuando se finalizó la carta de intención, la firmamos y en enero de 2007, Light Years I.P. y el gobierno etíope emitieron un comunicado de prensa para compartir esta noticia ampliamente.

Cuando este conflicto emergió por primera vez en el mes de octubre anterior, la SCAA adoptó la misma posición que Starbucks. El Director Ejecutivo de SCAA Ted Lingle y muchos miembros de la junta directiva de SCAA acordaron que Etiopía no podía designar regiones como marca registrada. Hubo cierta preocupación expresada que, si la Oficina de Patentes y Marcas de los Estados Unidos aprobaban la solicitud de los etíopes, la idea podría extenderse a otros países productores de café y los precios del café podrían aumentar. Uno o más miembros del consejo de SCAA se reunieron con los etíopes para expresar su posición de que Etiopía estaba equivocada. Todavía estaba en la junta como Antiguo presidente inmediato. En la próxima reunión de la junta de SCAA, le dije a la junta que en mi opinión que no teníamos vela en este entierro. Los estatutos de SCAA exigían que la organización fuera un foro para el libre intercambio de ideas. No era nuestro rol tomar partido en una disputa entre nuestros miembros. Animé a la junta a dejar este asunto en manos de la Oficina de Patentes y Marcas de los Estados Unidos. La forma de avanzar fue alentar a cada parte en la disputa a convertirse proactivo dentro de SCAA: a compartir su versión de la historia. No podía haber mejor foro para presentar sus casos. Entre mi trabajo en Green Mountain y SCAA, me encontré sirviendo como un mediador informal entre la SCAA y los etíopes. Estaba seguro de que finalmente el SCAA vería que era incorrecto entablar una disputa con un país miembro. Eventualmente, la junta decidió no llevar más allá esta batalla y me sentí aliviado y satisfecho.

Basándonos en nuestro trabajo sobre el acuerdo de licencia, Ron sabía que yo era un aliado y sintió que podía ayudar a solidificar los esfuerzos de la oficina de Propiedad Intelectual de Etiopía. Me preguntó si iría a una reunión en la Conferencia de la Asociación del Café Fino de África del Este (EAFCA) en Addis Abeba para representar a Green Mountain y ayudar a los etíopes a planear su próximo movimiento. Acepté hacer el viaje. Casualmente, Lindsey también estaba volando a Etiopía para visitar varios de nuestros proveedores en las regiones de Sidamo y Yirgacheffe. Ella tenía una gran habilidad para encontrar un buen café en lugares donde otros se habían dado por vencidos. Eso me

dio una segunda razón para ir. La tercera atracción de tal viaje fue
simplemente visitar el lugar de nacimiento del café. Los mejores cafés
que he probado en mi vida fueron de Harrar y Yirgacheffe. Quería saber
cómo era el paisaje y cómo se comparaba con las tierras de café que
conocía en América Latina, Ruanda y Tanzania.

ADDIS ABEBA Y EL CAMPO DE ETIOPÍA

Después de un viaje largo, pero sin incidentes, aterricé listo para
hacer lo que pudiera para ayudar a la oficina de Propiedad Intelectual de
Etiopía. La reunión incluyó un centenar de personas que representaban
el liderazgo de la mayor parte de los sindicatos de cooperativas
cafetaleras en Etiopía. El tema principal fue el tema de la marca y la
mejor forma de proceder. Monika Firl de Cooperative Coffees, que
había firmado el acuerdo de licencia, estaba allí. Tadesse Meskela,
gerente general de la Unión de Cooperativas de Productores de Café
Oromia con más de 70,000 miembros, estaba ahí también. Había
conocido a Tadesse cuando llegó a Waterbury en 2002. Él era un
incansable defensor de los caficultores etíopes. Tadesse y yo, junto con
dos o tres otros líderes prominentes en la industria del café etíope y
Getachew Mengestie, el jefe de la oficina de propiedad intelectual de
Etiopía, estábamos sentados en un escenario elevado.

Después de unas pocas palabras de apertura, me preguntaron
cómo podría ganar impulso la iniciativa etíope dentro de la industria del
café especial. Les sugerí que a pesar de la aparente oposición de SCAA a
su posición, deberían asistir a la próxima conferencia de SCAA en Long
Beach. Creía que cuando los miembros de SCAA escucharan lo que los
etíopes tenían que decir, era probable que muchos de los miembros los
apoyarían. Sentía que necesitaban ser más proactivos en su campaña
para el reconocimiento regional. Si los etíopes creían en esto, les dije,
que no deberían simplemente publicar sus afirmaciones; deberían ir y
venderlas, cara a cara. Y el mejor lugar para hacerlo era en la próxima
reunión de SCAA donde tendrían una concentración de tostadores con
los que podían reunirse. Parecieron entusiasmarse con esta idea. La
discusión luego se centró en la comercialización del café etíope. Monika
sugirió que los etíopes necesitaban desarrollar un claro mensaje
promocional. Sugerí que se considerara "el lugar de nacimiento de Café"

o un eslogan similar, ya que la mayoría de los consumidores no saben que el consumo de café se originó en Etiopía. Es un título que Etiopía tiene derecho a reclamar y usar. Monika también sugirió que Etiopía considerara desarrollar el turismo de café como una manera de tentar a otros a conocer y comprender mejor Etiopía, sus cafés, su gente y sus desafíos.

Después de la reunión, sentía la necesidad de salir al campo. No podía haber viajado 8,000 millas a la fuente del mejor café que había tomado sin ver donde era cultivado. Sería tiempo bien invertido; yo nunca encontré una mejor manera de aprender sobre un lugar y su gente que ir y ver por mí mismo. Lindsey fue líder del equipo en nuestro viaje a Sidamo y Yirgacheffe. Nuestro guía era un comprador de café holandés a través del cual comprábamos café etíope. Solo teníamos unos días, pero quería ver lo que pudiera. Condujimos varios cientos de millas sobre un paisaje relativamente plano y árido punteado periódicamente por pequeños pinos. Suelo laterítico de color óxido (rico en hierro y aluminio) estaba en todas partes, en el suelo, en el lago fangoso que pasamos y en el aire como nubes de polvo que nos rodeaban cuando nos encontrábamos con otros vehículos. La tierra del café aquí se estaba mostrando no tan empinada como en América Latina.

En Sidamo tuvimos nuestra primera reunión. Nuestro amigo holandés estaba molesto porque él había hecho una contribución para apoyar un programa social dentro de la unión de café y parecía que el dinero podría haber desaparecido en el bolsillo de alguien. El comprador había estado en contacto con la unión; sin embargo, el problema no se había resuelto a pesar de repetidos esfuerzos. Mientras viajábamos, quedé más impresionado por las similitudes en el mundo del café que por las diferencias. Etiopía era no radicalmente diferente de los lugares que conocí en México o Rwanda. Estaba empezando a ver que muchos de los desafíos básicos de la calidad de vida eran en gran medida los mismos en todo el mundo del café, con algunas variaciones locales en los alimentos, la cultura, vivienda, etc.

Visitamos varias de las cooperativas de Sidamo y escuchamos sus historias. Los principales problemas que enfrentaban las cooperativas eran acceso al crédito, a información sobre los precios de mercado y la venta a esos intermediarios no confiables conocidos como "Coyotes" que a veces proporcionan a los productores de café no organizados su único acceso al mercado. Doce por ciento de los miembros de la unión de café eran mujeres. Del ochenta al noventa por ciento de los miembros dependían del café como su única fuente de ingreso. Su tierra no era apta para la producción de maíz, por lo que tenían menos opciones para la diversificación de cultivos.

Otros desafíos que enfrentaban las cooperativas incluían la migración de las personas hacia áreas urbanas y la competencia con khat. Khat es un estimulante que es ilegal en los Estados Unidos, Canadá, el Reino Unido y la mayor parte de Europa. Crece en cualquier lugar donde se cultiva café. Algunos miembros de la cooperativa habían dejado la producción de café o complementado su producción de café con khat. Como en Sudamérica, si los productores de café sienten que no están recibiendo un precio justo por su café, buscan otros cultivos más lucrativos, como la coca. La idea de que los agricultores tenían que suplantar o complementar la producción de café con un cultivo ilegal de drogas para sobrevivir en Etiopía simplemente no parecía correcta. Etiopía fue el lugar de nacimiento del café! ¡Este era el "suelo sagrado"!

Durante los largos vuelos de vuelta a casa, reflexioné sobre el viaje. A pesar de que nada definitivo sucedió, fue esclarecedor solo estar allí para ver el paisaje, la infraestructura para la producción de café, las caras de las personas y la forma en que vivían. Una vez más, los desafíos eran universales: agua limpia, educación, comida, acceso a servicios de salud, lejanía y pocas oportunidades de educación, especialmente para las niñas que a menudo estaban embarazadas a la edad de quince años. En cierto punto, íbamos a aumentar nuestras compras de café aquí, así que quería estar preparado para ofrecer otras ayudas cuando lo hiciéramos. Al ver que las necesidades de los cafetaleros parecían más o menos similares a las de los productores en Centroamérica, sabía que tendríamos la posibilidad de ayudar.

En términos de resolver la batalla de la marca registrada, las cosas eventualmente tomaron el camino que nosotros habíamos esperado. Los etíopes estuvieron presentes a la reunión de SCAA en abril. Ellos incluso trajeron a su embajador de Washington y sostuvo discusiones con personas que estaban interesadas en su historia. Tuvieron una buena participación. Ellos pidieron a todos y cada uno que firmara el acuerdo de licencia, que reconocía como propiedad etíope los tres nombres regionales de la zona cafetalera, Sidamo, Harrar, y

Yirgacheffe, independientemente de si estaban registrados o no. La Oficina de Patentes y Marcas de Estados Unidos finalmente falló a favor de Etiopía, dando la propiedad a Etiopía de los nombres de sus marcas regionales y Green Mountain y Starbucks finalmente firmaron el acuerdo de licencia que reconocía esta propiedad. No había nada en los acuerdos que prometía a los etíopes un precio más alto, pero esperaban que tales designaciones dieran a sus marcas una especie de distinción. Estaba contento con este resultado; había sido un tema polémico y largo. La industria podría pasar a otros temas importantes. Ahora el balón estaba en la cancha de Etiopía para demostrar cómo estas marcas comerciales proporcionarían ingresos adicionales y una mejor calidad de vida para los productores de café.

MIDIENDO NUESTRO ÉXITO

Una vez que regresé de Etiopía, comencé mi nuevo trabajo como Director de Relaciones con Comunidades de Café en serio. Al comienzo de 2006, Green Mountain estaba financiando programas a unas diez organizaciones en cinco países. Incluso a comienzos de 2007, nuestro presupuesto todavía era solamente cerca de $ 300,000. Alrededor de un tercio de eso iba para Coffee Kids y tal vez una sexta parte a Grounds for Health. Había un programa de educación financiera con Root Capital, la conferencia "Let's Talk Coffee" de Sustainable Harvest, Planting Hope y Coffeelands Trust, una organización que fue presentada a Green Mountain por Dean Cycon, uno de los fundadores de Coffee Kids. Fue establecida para ayudar a las víctimas de accidentes con minas terrestres en las áreas de cultivo del café. Sin embargo, a medida que crecía el fondo de beneficios antes de impuestos, necesitábamos crear un programa de garantía de calidad. ¿Los programas que financiábamos tenían su impacto esperado? ¿Cómo lo sabíamos? Mike había identificado cuatro áreas que estaban alineadas con los más amplios Objetivos de Desarrollo del Milenio de las Naciones Unidas. Estas eran reducción de la pobreza y el hambre y la reducción de desperdicios y del uso de energía.

La reducción del consumo de energía y la generación de residuos pueden ser medidas con cierta facilidad utilizando los objetivos establecidos y los indicadores ampliamente aceptados, tales como kilovatios hora, emisiones de dióxido de carbono, toneladas de residuos generados y así por el estilo. El progreso en la reducción del hambre y la pobreza sería más difícil de cuantificar. Por lo tanto, contratamos a una organización de investigación con sede en Colombia, el Centro Internacional de Agricultura Tropical (CIAT), para desarrollar indicadores de medios de vida que podríamos usar en evaluaciones rápidas en comunidades de café. En el verano de 2006, el CIAT realizó entrevistas grupales a media docena de cooperativas en Guatemala y México. Las entrevistas tuvieron lugar en un par de semanas. El equipo concluyó que las siguientes consideraciones eran los indicadores más útiles de la viabilidad económica de la empresa de un productor de café

-la contribución del café a los medios de vida

-la capacidad de un productor para permanecer en su propia finca durante la temporada, en lugar de trabajar en otras fincas

-la capacidad de reinvertir en mejoras de las empresas agrícolas (incluida la contratación de mano de obra)

-la dependencia del productor de las remesas (los envíos de dinero de parientes que trabajan en los Estados Unidos)

-acceso y uso de servicios de cuidado de salud, educación y comida durante todo el año.

Los investigadores del CIAT recomendaron que Green Mountain se concentrara en dos indicadores: la capacidad de un agricultor para permanecer en su propia finca y la capacidad de reinvertir en mejoras en la finca. Después de escuchar la presentación del CIAT, me complació que ahora teníamos el análisis estructural, pero aún necesitábamos información que fuera más detallada. Las entrevistas grupales llevaban a respuestas que podrían ser muy engañosas o demasiado generales. Realmente creí que era necesario hablar con un número estadísticamente significativo de productores individuales.

Hablé con Mike y luego le pedí al CIAT que presentara un plan para tales entrevistas y así pudiéramos sacar conclusiones reales, no generalizaciones tentativas. Estuvieron de acuerdo y regresaron con una propuesta para conducir entrevistas individuales en tres países que eran fuentes importantes de nuestro café-Guatemala, México y Nicaragua-Comercio justo, orgánico y convencional. El cuestionario incluía preguntas sobre tipos de café cultivado, el tamaño o la cantidad de tierra que poseía cada familia, fuentes y cantidad de ingresos recibidos, nivel de educación, certificaciones (si correspondía), graves problemas de salud en la familia el año pasado y cómo fueron abordados y si la familia tuvo períodos de extrema escasez de alimentos en los doce meses anteriores.

Ahora me sentía mejor. Este cuestionario prometía darnos información más concreta a nivel de hogar sobre la cual actuar. Hicimos planes para aplicar las entrevistas individuales en la última parte del verano. En general, había sido un año productivo y nuestros logros nos habían quitado algo del malestar generado por la malversación de SCAA. Ser invitado a hablar y trabajar en África era halagador e iluminador. Me alegré de poder asumir un papel de mediación en la batalla sobre los derechos de propiedad intelectual de Etiopía. Y a medida que las ganancias de Green Mountain crecieron, ampliamos nuestra visión de a quién podíamos ayudar. Estábamos empezando a llegar con apoyo a nuevos orígenes de café y nuevas ONG. Como siempre, fue satisfactorio ser un agente de cambio positivo para los productores en nuestra cadena de suministro.

CAPÍTULO SIETE

LOS MESES FLACOS

Habíamos pagado tanto dinero por preguntas y encuestas; habíamos hecho nuestra investigación y pasamos años desarrollando relaciones con los productores. Y aunque nunca antes habíamos hecho las preguntas correctas, ahora el CIAT había desarrollado preguntas objetivas y exploratorias sobre las circunstancias de las familias cafeteras. Estaba listo para usarlas. Ahora que mi español era fluido, quería hacer las preguntas yo mismo. Yo quería ver las caras y escuchar las voces de los productores. No solo quería leerlo en algún informe seis meses después. Resultó que hacer las preguntas correctas nos introdujo a tomar conciencia de una realidad paralela que yo no sabía que existía.

Decidimos realizar entrevistas uno a uno en tres países cafetaleros especialmente importantes para nosotros y donde teníamos una larga historia con los caficultores: Guatemala, Nicaragua y México. El equipo voló dentro de un mes de haber creado las preguntas. Queríamos obtener resultados rápidamente, no prolongar un estudio de un año. Acompañé al equipo del CIAT a Nicaragua y durante cuatro días, realicé diez entrevistas con productores en media docena de comunidades entre Matagalpa y El Cuá. En total, el equipo hizo unas cuarenta en Nicaragua antes de pasar a realizar entrevistas en dos departamentos de Guatemala y dos estados de México. En general, CIAT realizó 179 entrevistas. Cada entrevista duró al menos una hora.

Nuestras primeras entrevistas en Nicaragua fueron hechas en la Cooperativa La Esperanza en El Coyolar, una cooperativa comunitaria de nivel primario que producía Café de Comercio Justo. El edificio cooperativo pintado de azul y blanco dominó el único camino de tierra del poblado rural. Entré al edificio y pasé por una oscura oficina; la única luz provenía de una sola ventana. Mi primera entrevista fue a una mujer llamada Maria. Tenía unos 35 años y llevaba el pelo negro atado en un moño; ella usaba una blusa simple, falda y sandalias. La seguí a una larga habitación que tenía un piso de cemento áspero, una mesa de madera y algunas sillas de plástico. Una vez más, una ventana en un extremo de la habitación proporcionaba la única luz. No había electricidad en el edificio, lo que tenía sentido, ya que no había electricidad en el pueblo. No había electricidad en la mayoría de las comunidades en esta área.

Empecé con preguntas para romper el hielo relacionadas con la familia de María. Luego pasé a las más estimulantes, como: "¿Alguna vez pensaste en migrar? ¿Has pensado en hacer otra cosa?" Todo parecía estar bien. Luego llegamos a la pregunta, "Hubo meses del año pasado de extrema escasez de alimentos y si es así, ¿qué hiciste? ", miró por la puerta. Las lágrimas brotaron en sus ojos. Ella tiró de un paño desigual de su vestido y se cubrió la cara. Su cuerpo tembló. Yo no sabía que hacer ¿Llamar a alguien afuera? ¿Tratar de consolarla? Finalmente ella habló.

"Sí", dijo ella. "Cada año hay alrededor de tres o cuatro meses así, cuando nuestro dinero de café se agota. Y los precios de maíz y frijoles se mantienen subiendo."

"Bueno, eso es mucho tiempo", dije torpemente. No esperaba esta respuesta y ciertamente no había anticipado una reacción emocional tan fuerte a la pregunta. Me quedé impactado. ¿Cómo podría una familia sobrevivir sin dinero por tres o cuatro meses?

De manera vacilante, María explicó las opciones de su familia durante ese tiempo: comer la misma dieta, pero comer menos, comer alimentos menos caros (y tal vez menos nutritivos), o pedir prestado a familiares, amigos o la cooperativa hasta la próxima temporada de cosecha en que la deuda podría ser pagada. En otras palabras, ingresar a un nuevo ciclo de deuda. Me sorprendió por completo la respuesta de María a esta pregunta sobre escasez de alimentos. ¿De qué se trataba esto? ¿Podría ser cierto? Dado que esta era mi primera entrevista, pensé que tal vez este problema era exclusivo de María y su familia. Le agradecí cuando ella salía de la habitación. Antes de que pudiera meditar sobre mis pensamientos, un hombre estaba en la puerta preguntando si ya estaba listo para entrevistarlo.

Tenía unos 35 años también. Estaba vestido con su ropa de trabajo, una camisa simple de manga corta y jeans descoloridos que hace mucho tiempo habían perdido cualquier identificación de marca. Tenía líneas en la cara como un campo arado, haciendo que pareciera más viejo de lo que era y parecía estar muy cansado. Pasamos por la misma rutina que antes. Preguntas simples que se hicieron más complejas hasta que, en respuesta a la pregunta sobre la escasez de alimentos, dio casi exactamente la misma respuesta que María. Durante tres o cuatro meses su familia tenía que reducir drásticamente la comida. Llamó a esta época del año "los meses flacos".

Me estaba poniendo nervioso. ¿Qué estaba pasando aquí? Estos eran productores de Comercio Justo que supuestamente obtenían un precio razonable por su café. ¿Y estaban luchando para poner comida en su mesa una parte significativa durante cada año? Me sugerí a mí mismo que no debía sacar conclusiones precipitadas después de solo dos entrevistas. Estas podían ser excepciones, razoné. Fuera de la oficina de la cooperativa, me encontré con los otros dos miembros del equipo del CIAT que habían entrevistado a dos personas. Nos amontonamos en la camioneta y nos dirigimos a otra aldea a dos horas de distancia. Comparamos notas en el camino. Pregunté si habían escuchado de "los meses flacos". Oh, sí. Todas las personas que entrevistaron habían mencionado este tiempo de escasez. Continuamos nuestras entrevistas por tres días más. Los resultados fueron terriblemente similares.

En nuestro último día, cerca de la comunidad de San Ramón no muy lejos de Matagalpa, me acerqué a una casa de tablones de madera desgastados y sin puerta, para conocer al productor y realizar mi última entrevista del viaje. Pollos y perros se esparcían mientras me acercaba. Pude ver a un hombre dentro, así que toqué en el marco de la puerta. El hombre vino a la puerta. Tenía unos 40 años, con cabello fino y negro, de aproximadamente 5'6 " de altura; él estaba vestido con una camiseta sin mangas blanca y pantalones de trabajo color gris. Le expliqué quién era y le pregunté si podíamos hablar. Él dijo que sí y me invitó a entrar. La casa tenía unos veinticinco pies cuadrados y estaba dividida en dos habitaciones pequeñas En la esquina de la sala principal había un pequeño televisor, un estéreo portátil, y algunas de las sillas de plástico blanco que están omnipresentes en las tierras de café nicaragüense. El hombre me dijo que su casa tenía sesenta años y que era una buena estructura que le había servido bien a su familia. Pero la casa tenía termitas y él no estaba seguro de cuánto tiempo duraría. No fue necesario un científico espacial para darse cuenta de que no tenía el dinero para construirse otra vivienda. Las necesidades implícitas se apreciaban en el ambiente durante toda la entrevista.

Empezamos a trabajar en el cuestionario. Aproximadamente diez minutos después, la esposa del hombre salió de la habitación de atrás. Ella presentó un dilema. CIAT nos había pedido entrevistar a esposos y esposas por separado, pero no podía pedirle a ella dejar su propia casa. Ella estaba de pie junto a la pared. Unos minutos más tarde, uno después del otro, cuatro niños entraron, dos niños y dos niñas, desde el adolescente al niño pequeño. Estaban parados al lado de su madre. Cuando llegué a la pregunta sobre la escasez de alimentos, la respuesta del hombre era casi idéntica a las que había escuchado en las otras nueve entrevistas que había llevado a cabo esa semana. "Tenemos también los meses flacos ", dijo.

Cuando terminé y les agradecí por su tiempo, el productor preguntó qué íbamos a hacer con la información. "Gente del exterior viene todo el tiempo y hacen preguntas y luego no pasa nada ", dijo. Prometí que volveríamos y compartiríamos los resultados con las personas que entrevistamos en reuniones comunitarias. Pero como aún no sabíamos qué serían esos resultados, no podía decir qué haríamos con ellos. Para entonces, esperábamos tener algunas ideas para compartir con ellos. No fue suficiente, pero era todo lo que yo podía decir.

Salí y empecé a caminar por el sendero que conducía a una pequeña colina hacia la carretera donde me encontraría con nuestro vehículo para el viaje de regreso a Matagalpa. Cuando me acercaba al camino de tierra, me volví para mirar la casa y allí estaba la familia observándome desde su puerta. Mientras me despedía, la situación de esta familia realmente me golpeó. Pasaban hambre durante tres o cuatro meses al año. Esta podría haber sido mi familia; podría ser la familia de cualquiera. La imagen de esta familia me desconectó de las preguntas y cuadros de la hoja de entrevista. Lo que estas personas enfrentaban no era solo una cuestión de nutrición y comida; era una cuestión de orgullo, dignidad y justicia social. ¿Cómo se sentiría ser padre o madre y no ser capaz de alimentar a tu familia?

Llevaba en el negocio del café especial veinte años. Yo había visto pobreza antes. Pero nunca había oído hablar de este fenómeno recurrente, "los meses flacos". Tres o cuatro meses al año, las familias de productores que nos suministraban café no podían obtener lo suficiente para comer. No tenían suficiente dinero para comer su muy modesta dieta normal de arroz, frijoles y maíz, con quizás un pollo de vez en cuando. Estaba furioso de no haber sabido sobre esto antes. Me sentí estúpido. ¿Cómo podría estar en la industria por tanto tiempo y no saber con qué estaban lidiando los productores? Entonces me di cuenta, nunca había pensado siquiera en preguntar. Nadie lo había hecho. O tal vez tenían, como dijo el productor, "hacen preguntas, pero nada sale de eso". Todas nuestras preguntas, toda nuestra buena voluntad y donaciones y realmente no sabíamos, ni abordábamos esta necesidad fundamental que enfrentaban anualmente las personas en un extremo de nuestra cadena de suministro. Incluso nuestros productores tenían hambre entre tres a cuatro meses al año.

La idea no dejaba de atormentarme en mi viaje de regreso a Vermont. ¿Cómo podría seguir trabajando en una industria que permitía este tipo de sufrimiento silencioso? Todas mis grandes ideas sobre justicia social y trabajo para el cambio habían llegado a nada debido a nuestra ignorancia colectiva. Yo había promovido y creía que el Comercio Justo estaba haciendo lo correcto para los caficultores. ¿Pero de qué servía el Comercio Justo si un productor o productora no podía poner comida suficiente y nutritiva en la mesa para su familia? Sabía que no podría ser un accesorio ahora que sabía la verdad: Tenía que hacer algo acerca de esta grave injusticia o dejar la industria del café.

PRIMERAS REACCIONES

Cuando llegué a casa, tomé unas vacaciones de una semana para reflexionar sobre las cosas. Durante ese tiempo fui a visitar a mi ex colega de Green Mountain Dan Cox a su nuevo negocio, Coffee Enterprises. Él siempre mantenía un dedo en el pulso de la industria. Estaba en medio de la remodelación de su nueva oficina en el muelle de Burlington. Después de mostrarme el hermoso espacio, él me preguntó qué había estado haciendo. Expliqué toda la historia de "los meses flacos" y cómo las familias cafeteras no podían alimentar a sus familias tres a cuatro meses al año.

"¡Me estás cagando!", Dijo Dan. Parecía tan sorprendido como yo.

"¡No! ¡Todos los demás entrevistadores obtuvieron el mismo resultado!"

Su incredulidad me hizo sentir un poco mejor acerca de mi propia ignorancia. Era un tipo que había estado en la industria durante veintiséis años y él tampoco sabía sobre esto. Lo que nos desconcertó a ambos fue por qué algo tan común en el origen no se conocía o discutía en la industria. Todos los demás con los que hablé en la industria durante el mes siguiente tuvieron la misma reacción como Dan: estaban incrédulos y consternados.

Nuestra ignorancia colectiva no era excusa. ¿Cómo podría yo simplemente dar la espalda y renunciar? "Los meses flacos" sucedía porque nadie hacía nada al respecto. Nadie hacía nada al respecto porque nadie sabía nada al respecto. No más. Tenía la oportunidad perfecta con mi nuevo trabajo en Green Mountain para llamar la atención sobre este tema y hacer todo lo posible para aliviarlo. Tenía una plataforma y tenía la intención de usarla. Una oportunidad para decir lo que pensaba en un nivel amplio de la industria llegó un mes después cuando me pidieron que escribiera un artículo para la revista Coffee Talk en su edición anual sobre el estado de la industria; elegí el tema de "Los meses flacos". Concluí con estas palabras: "'Los meses flacos' y los problemas de seguridad alimentaria rara vez se discuten dentro de nuestra industria y merecen serlo. ¿Cómo puede algo tan importante y común en muchas comunidades que cultivan nuestros cafés seguir siendo relativamente desconocido y rara vez se habla de ello en los espacios de nuestra industria? Las raíces de este problema tienen muchas causas: excesiva dependencia en un solo cultivo para obtener ingresos, la falta de alternativas económicas para café, precios de mercado inestables, rendimientos decrecientes, etc. La nutrición inadecuada tiene efectos graves y a menudo irreversibles, particularmente durante la infancia. Como otros problemas que hemos abordado en los últimos años, las soluciones a este problema no son sencillas. Sin embargo, no conozco ninguna otra industria en el mundo más dispuesta a aceptar este desafío".

Me preguntaba cómo a toda la industria se le había escapado el tema de los meses flacos. No fuimos intencionalmente ciegos. Creo que asumimos que la certificación de Comercio Justo y orgánico asegurarían precios que serían lo suficientemente altos como para alimentar a las familias. Además, durante treinta años, la industria del café de especialidad asumió que centrarse en el café arábica, traía a los caficultores un precio más alto que el robusta que estaba ayudando a los productores. Estábamos tan enamorados del café de alta calidad y precios más altos que este tenía que asumimos que habría un efecto multiplicador para el beneficio de los productores. Además, cuando visitábamos las ubicaciones de origen, normalmente era durante la cosecha cuando los caficultores acababan de recibir el pago. Tenían comida en la mesa y estómagos llenos cuando los vimos. No llegábamos en los meses previos a la cosecha, los meses flacos. Una vez que había meditado en esto, su dolor y nuestro deber estaba más claro.

FORTALECIMIENTO DEL "COOT"

Los inicios del Equipo de País de Origen de Green Mountain (COOT por sus siglas en inglés) fueron a mediados de los 90 bajo el nombre de "el equipo de café". Fue muy informal para la mayor parte de ese tiempo. El equipo solo era Deb Crowther, Jon Wettstein, Patty Vincent y yo. No teníamos un presupuesto o mucho dinero para apoyar proyectos en ese momento. Nuestra colaboración era muy ad hoc. Comprometimos dinero para Grounds for Health y Coffee Kids y solo otras cuantas organizaciones. Y todas las subvenciones debían ser aprobadas por Bob. Si venía una solicitud, nuestro pequeño grupo se reuniría y si lo aprobábamos, Jon Wettstein lo llevaba a Bob.

En algún momento alrededor del año 2000, la compañía comenzó a contribuir con el 5 por ciento de sus ganancias antes de impuestos para apoyar proyectos en comunidades donde hacíamos negocios en los Estados Unidos y en las comunidades cafeteras de todo el mundo. Creo que esto fue idea de Bob. Habíamos escuchado sobre otra compañía que daba el 1 por ciento de las ventas. Pero Bob prefería un modelo basado en la rentabilidad de la empresa, no solo en las ventas. Para que un programa así pudiera ser sostenible, la empresa tenía que ser rentable. Green Mountain creció y se volvió más exitosa financieramente, el equipo de café estaba en una posición para hacer más.

A medida que refinamos nuestro trabajo en las comunidades cafeteras, decidimos enfocarnos solo en programas que afectarían directamente a nuestros productores y sus familias en el nivel de hogar. El proyecto de apoyo presupuestario de nuestro equipo ya no tendría más beneficios indirectos tales como conferencias, laboratorios de catación e infraestructura para procesamiento de café. Pensé que deberíamos formalizar nuestra filosofía y práctica y así en 2006 escribí un documento para dar un título formal a la organización interdepartamental. Así nació el "COOT".

Nuestra misión era ayudar de manera sostenible a las familias y comunidades donde se originan nuestros cafés, mejorando directamente su calidad de la vida a través de programas que reducen la pobreza, el hambre y el consumo de energía y manejo de desperdicios. Nuestra visión era que nuestros socios de cultivo de café alcanzaran la capacidad de mantener una calidad de vida saludable al satisfacer las necesidades básicas de hoy e invirtiendo en iniciativas que mejorarían la calidad de vida futura para ellos mismos, sus familias y sus comunidades.

Estas palabras nos dieron un filtro bueno y útil para comenzar a elegir qué y qué no financiar. Nuestra misión y visión abrieron algunas puertas, pero cerraron otras. Un programa que decidimos dejar de financiar fue la excelente conferencia "Let's Talk Coffee (Hablemos d Café)" que habíamos patrocinado durante años. Estábamos poniendo cerca de $ 30,000 anuales para apoyar una reunión con los miembros de la cadena de suministro de Sustainable Harvest, que en su mayoría eran miembros de nuestra propia cadena de suministro también. Si bien sabía que esto era un evento útil, cuestioné lo que estaba haciendo para los productores a nivel del hogar. Después de un debate, los miembros del COOT estuvieron de acuerdo conmigo. Estoy seguro de que fue doloroso para Lindsey porque su departamento ahora apoyaría la conferencia financieramente. Pero admiré su resolución, no obstante, de gastar el dinero que teníamos en las personas más importantes: las familias de los productores. "Let's Talk Coffee" sigue realizándose exitosamente también.

Luego hablé con Mike Dupee sobre "los meses flacos". Él estuvo de acuerdo que este era un gran desafío y una oportunidad para que Green Mountain hiciera algo. Decidimos traer al equipo del CIAT a Vermont para presentar sus hallazgos a otros en la compañía. Además, queríamos que organizaciones externas sin fines de lucro y académicos evaluaran nuestros datos y nos dieran alguna orientación, así que elegimos invitar a unos pocos seleccionados y tener un grupo muy enfocado. Esto no era relaciones públicas o una conferencia de justicia social. Necesitábamos decidir qué íbamos hacer con los datos.

En un día gris de noviembre, nos reunimos en la sala de reuniones más grande del campus de Green Mountain en Waterbury. Con solo una docena de personas en una habitación con capacidad para 200, se sentía como si estuviéramos en un hangar de aviones. Aunque las entrevistas del CIAT no se centraron específicamente en la seguridad alimentaria, lo que brotó de las páginas de su presentación fue lo que esperaba que fuese: hambre estacional. Este fue el hallazgo más consistente en casi 180 entrevistas en los tres países. Sesenta y siete por ciento de los entrevistados informaron haber experimentado de tres a ocho meses de extrema escasez de alimentos. Todos menos el 16 por ciento reportaron períodos de escasez. Mientras el equipo del CIAT hablaba, capté miradas de los miembros de mi equipo. Parecían enervados por las estadísticas. Al final de la presentación, uno me preguntó: "¿Realmente queremos que nuestros clientes sepan que los cafetaleros luchan por poner comida en la mesa durante todo el año? Eso no es una escena bonita". Otra persona preguntó: "¡Rick, este es un problema inmenso! ¿Tú quieres que Green Mountain Coffee Roasters se enfrente al hambre global? "

"Quiero intentarlo. Necesitamos enfocarnos en cerrar esta ventana de inseguridad alimentaria estacional. No puedes producir un buen café cuando tienes hambre. No puedes salir de la pobreza cuando tienes hambre. No podemos enfrentar el hambre global, pero podemos y debemos afrontar el hambre en nuestra cadena de suministro". Todos tuvieron una reacción a eso. La calidad de la conversación pasó de interesada a intensa. Todos tenían una idea sobre lo que deberíamos hacer o no hacer. 'Otros grupos tenían economías de escala apropiadas para tratar el hambre, entonces debemos dar dinero a ellos". Deberíamos centrarnos en "medios de subsistencia". "Deberíamos ayudar a los productores a mejorar sus rendimientos de café especial a través de la asistencia técnica." Todos estaban convencidos de que su idea era la mejor. Aunque la mayoría de la gente favorecía alguna acción específica por parte de Green Mountain, no llegamos a ningún consenso.

Finalmente, cuando estábamos a punto de cerrar, Sam Fujisaka del CIAT recurrió a mí y dijo con un pequeño mordisco en su voz, "Bien, Rick, hablar es fácil. ¿Vas a ser como la mayoría de las compañías y poner este informe final en una hermosa carpeta atractiva, colocarlo en tu estante, y olvidarte de él? ¿O vas a hacer algo con esto?"

"Usaremos esto, lo prometo", le dije, pero cómo lo haríamos todavía me eludía.

ENCONTRANDO NUESTRO RUMBO

Había tantas opciones. Me sentí como un perro persiguiendo un coche por un polvoriento camino de tierra tratando de morder los neumáticos. El automóvil se movía rápido, la tierra y el polvo volaban por todas partes y los neumáticos estaban girando rápidamente. ¿Dónde debería y podría el perro pellizcar ese neumático? Las ideas sobre lo que podríamos hacer con relación al hambre y donde podríamos comenzar eran interminables e infinitamente confusas. Otro problema que surgió de esa reunión de noviembre con el CIAT fue la cuestión de cómo deberíamos hablarles a nuestros accionistas, empleados, clientes, proveedores y el público. Si gritáramos demasiado fuerte, podríamos sonar como tontos. Si no decíamos nada, no estábamos siendo fieles a los hechos y no podíamos liderar la industria. Dije que deberíamos tratar de hacer lo correcto y decir la verdad.

Afortunadamente, Mike Dupee asumió el reto de la comunicación por mí. Mike decidió que nuestro informe anual de responsabilidad social corporativa era el lugar perfecto para compartir lo que habíamos aprendido sobre "los meses flacos" y lo que planeábamos hacer al respecto. Este foro permitía que los problemas se compartieran en más detalles de lo que era posible a través de medios publicitarios típicos o una simple barra lateral en un informe anual. Si el público o la prensa deseaban hacer un seguimiento, eso estaba bien. No íbamos a cantar nuestras propias alabanzas; íbamos a hacer algo.

Teníamos dinero, recursos y conocíamos a muchas personas que podrían ayudar. Nosotros podíamos colaborar, distribuir fondos y discutir hasta que llegáramos a un acuerdo. ¡Pero lo que realmente necesitábamos era un filtro para eliminar una gran cantidad de la palabrería y una manera para que el perro diera un gran mordisco a esa llanta! Cuando el polvo se despejó, se hizo más evidente para todos que los proyectos que apoyáramos debían centrarse en ayudar a las familias que cultivan café a encontrar formas sostenibles de colocar alimentos en sus mesas. Finalmente estábamos conectando los puntos: satisfacer estas necesidades básicas inmediatas era clave para las relaciones a largo plazo con las comunidades que nos proporcionaban café, para la sostenibilidad de nuestra industria y para Green Mountain Coffee Roasters como empresa.

Seguí mi nuevo credo cuando negué algunas propuestas COOT para un proyecto de arte para niños, la banda musical de una cooperativa y uniformes para el equipo de béisbol de la cooperativa. Todos eran buenos proyectos, pero no estaban poniendo la comida necesaria en las mesas de los productores o ayudando a satisfacer las necesidades humanas básicas. Si nosotros alcanzábamos el punto donde todos en nuestra cadena de suministro estaban bien alimentados, entonces diría bien, pasemos a las oportunidades de financiación para el arte, la música y los deportes. Por supuesto, no queríamos entrar en el negocio de ayuda alimentaria directa y correr el riesgo de crear una mayor dependencia. En cambio, queríamos ayudar a las comunidades o las organizaciones no gubernamentales locales a construir programas sostenibles para ayudar a las personas a superar los meses flacos. Nuestros proyectos específicos "enseñarían a las familias a pescar, no les darían el pescado". Una persona en la reunión del CIAT dijo: "Es un gran problema, pero si podemos crear un modelo con programas de microcrédito, asistencia técnica y almacenamiento de alimentos, estaremos desarrollando una caja de herramientas que se puede usar de forma diferente, de acuerdo con las necesidades de cada comunidad".

AYUDA DE LA ESCUELA TUCK DE DARTMOUTH

Tan solo unas semanas después de regresar de Nicaragua, cuando las ideas todavía estaban revolviéndose en mi cabeza y nada había sido definido y ningún manifiesto había sido escrito, me habían invitado a hablar en la Escuela de Negocios en Dartmouth sobre el programa de responsabilidad social corporativa de Green Mountain. Al final de mi presentación, impulsivamente compartí lo que acababa de

144

aprender sobre "los meses flacos". No pude evitarlo, "los meses flacos" era todo en lo que podía pensar desde las entrevistas. También compartí mis ideas sobre los nuevos proyectos de la misión COOT dirigidos directamente a los productores y sus familias. Después que terminé de hablar, todos los estudiantes salieron excepto uno. Él comenzó a interrogarme, "¿Continuarás haciendo todos estos otros proyectos? Coffee Kids, Grounds for Health, etcétera? "

"Bueno ... sí", le dije, sin saber a dónde iba con esta pregunta.

"¿No crees que deberías hacer de la seguridad alimentaria tu único objetivo? Incluso la Fundación Ford y otras grandes organizaciones de donantes se limitan a sí mismas. No generarás mucho cambio si abarcas mucho", dijo y luego sonrió". Si fueras mi alumno, diría que tu enfoque está muy amplio". Le di las gracias y me di cuenta de que tenía razón. Si los "chicos grandes" tenían un enfoque, estábamos justificados a tener el nuestro.

Pat Palmiotto, un viejo amigo de la Iniciativa Allwin de Tuck para Ciudadanía Corporativa, había escuchado el intercambio. Ella pensó que la Iniciativa Allwin podría ayudar, quizás incluso financiar a varios estudiantes de Tuck para ayudar a definir y reducir nuestros objetivos de proyecto. Salté ante la idea. Necesitaba toda la ayuda que pude obtener para aclarar los objetivos y determinar los mejores pasos a tomar. Acordamos compartir fondos y Pat reclutó cuatro altamente motivados e inteligentes estudiantes bilingües. El proyecto fue titulado en buen lenguaje académico: "Mejorando los Medios de Vida en las Comunidades de Cultivo de Café: Una Guía de Proceso para una Iniciativa de Responsabilidad Social Corporativa Efectiva y Estratégicamente Alineada". El propósito subyacente era evaluar cómo la respuesta de Green Mountain a "los meses flacos" se alineaba con las políticas de responsabilidad social corporativa de la compañía.

En marzo de 2008, los estudiantes y yo nos dirigimos al campo a una comunidad a tres horas de Matagalpa, Nicaragua, para compartir los hallazgos del estudio del CIAT con las personas que habíamos entrevistado. A medida que avanzábamos por las carreteras secundarias ásperas y accidentadas, rápidamente nos hicimos buenos amigos. Hicieron sentir a los productores a gusto con su excelente español y sus modales amistosos. Quería que los caficultores supieran que esta vez habría acciones detrás de las palabras. Esta vez se haría algo, y tendrían voz y voto en determinar lo que sería. Una vez que comprendieron que realmente sus opiniones nos importaban, sus ideas sobre cómo superar este período de escasez de alimentos fluyeron como una inundación tan rápido que apenas logramos mantener el ritmo.

"Diversificación!" Era una reiteración común. Cacao, o la planta de cacao, podría funcionar como un buen cultivo alternativo. En altitudes más bajas podría ser plantado junto con el café y su cosecha no interfirió con la del café. Otros productores sugirieron que los plátanos y la guayaba podrían sembrarse en las áreas de café. La guayaba proporcionaba sombra para el café y ambas eran productivas dentro de un periodo de tres años. Debido a que sus suelos estaban agotados, otros productores solicitaban asistencia técnica para establecer y preparar abono orgánico y mejorar el uso del agua. Huertos familiares para producir alimentos también fue una idea popular: el 70 por ciento de las familias no tenían huertos con vegetales. Un intercambio o foro de intercambio, donde las familias que producían verduras podrían compartir información sobre variedades de semillas y técnicas de cultivo para huertos también ayudaría. La sugerencia de establecer un mercado de productores frente a la oficina de la cooperativa en El Cuá recibió grandes elogios. Cuando los caficultores entregaran café o visitaran las oficinas de la cooperativa por negocios, podían entregar otros productos para vender en el mercado que los beneficiaría a ellos y a los consumidores en la pequeña ciudad.

También hablamos con Abraham Zeledón López, un agrónomo; Blanca Rosa, la gerente general de la UCA San Ramón; y varios miembros del personal técnico de allí. La UCA es una cooperativa paraguas de segundo nivel para veintiún cooperativas de primer nivel o comunitarias. Blanca Rosa explicó que los huertos familiares y las técnicas de cultivo eran nuevas en esta región. Los silos individuales para almacenar maíz habían sido probados, pero con éxito limitado. Debido a que los silos tomaban una buena cantidad de espacio, los productores dudaron en adoptarlos. Los agrónomos dijeron que, en general, cuanto mayor es la altitud, mayor es el agotamiento del suelo; por el contrario, cuanto menor sea la altitud, más ricos son los nutrientes en el suelo. Esto coincidió con otra de las sugerencias de los productores: crédito para reinvertir en la tierra que necesitaba fertilizante o sitios de compostaje establecidos para enriquecer el suelo orgánicamente. Ellos mencionaron que la salsa picante Tabasco® había comenzado un proyecto de chile en el área. Sin embargo, dijeron que a pesar de que algunos productores se convirtieron a la producción de chile, un monocultivo alternativo era tan arriesgado como poner todos sus huevos en una sola canasta de chiles, a como lo estaban haciendo con el café.

Antes de dejar la región para nuestro vuelo de regreso desde Managua, los estudiantes de Tuck y yo paramos en las oficinas de La Central de Cooperativas Cafetaleras del Norte (CECOCAFEN) en Matagalpa. CECOCAFEN agrupaba a once cooperativas con 2,637 productores (27 por ciento mujeres, 73 por ciento hombres), más 800 productores que no eran miembros. En general, CECOCAFEN producía alrededor de 1.4 millones de libras de café anualmente. Aproximadamente, el 40 por ciento de las exportaciones de CECOCAFEN se destinaban a Europa, con el resto yendo a EE. UU. y Canadá. Menos del 2 por ciento era vendido en el país. El negocio de Green Mountain en Nicaragua con CECOCAFEN estaba creciendo, entonces habíamos establecido algunos vínculos allí. Santiago Dolmus, el director de programas sociales en CECOCAFEN, y su equipo técnico querían saber lo que habíamos aprendido. Proporcioné una visión general sobre nuestro tiempo y las reuniones y los estudiantes de Tuck completaron con algunos detalles. Expliqué que parecía haber una buena motivación para combatir este período de inseguridad alimentaria a través de una variedad de tácticas. Santiago sugirió que la cooperativa centrara sus esfuerzos en mejorar los medios de vida financieros. Si bien estuve de acuerdo en que esto podría ser parte de la estrategia, sentí que tenía que disentir sobre su importancia principal. Respondí que podría ser mejor pensar en un objetivo. El centro del objetivo era la seguridad alimentaria y allí era donde deberíamos apuntar. La mejora de los medios de vida podría ser una táctica para lograr la seguridad alimentaria, sin embargo, por sí mismo, no era garantía de tener suficiente para comer. Si una estrategia para mejorar los medios de subsistencia era aumentar la producción de café y el precio del mercado mundial para el café de repente se hundía, las familias productoras estarían de regreso donde estaban hoy vulnerables y hambrientos. Seguí explicando que las dos cosas sobre las que no tenemos eran el clima y el precio del mercado. El ejemplo de Tabasco® era bueno. Tabasco® estaba comprando chiles en el área para su salsa picante. El precio era bueno entonces y le proporcionaba a una serie de productores de pequeña escala una buena fuente de ingresos. Sin embargo, Tabasco® podría encontrar otra fuente para chiles cualquier día o cerrar el negocio. Era una base muy débil para un sistema sostenible.

Después de nuestra reunión en CECOCAFEN, nos detuvimos en una parada de camiones y gasolinera en Sébaco, una ciudad en la intersección hacia Matagalpa y Estelí. Una esquina de la plataforma de hormigón estaba reservada para la transferencia de frijoles verdes de los camiones de los productores a los de los mayoristas. Después que los camiones se alejaron, había una pareja joven con su muy pequeño niño, arrodillados recogiendo del hormigón áspero los pocos frijoles que quedaron. Todos nosotros quedamos sorprendidos con esta escena; renovó nuestro sentido de cuán crítico era realmente el trabajo al que estábamos comprometidos. Les dije a los estudiantes que esto era lo que nuestro proyecto estaba esperando eliminar.

Todas las ideas y lluvia de ideas se solidificaron gradualmente en estas sugerencias principales: proporcionar a los productores ayuda para diversificar sus ingresos y que las familias no dependan por completo del café; proporcionar educación sobre mejores técnicas para el manejo de abono orgánico para que los agricultores puedan aumentar rendimiento sin recurrir a costosos fertilizantes químicos; establecer huertos comunitarios y/o silos comunales para que las comunidades puedan comprar y almacenar los artículos de primera necesidad cuando el precio es bajo y recurrir a ellos cuando el precio sea alto.

El siguiente paso fue probar estas ideas en el campo. Elegí volver a Nicaragua para trabajar con CECOCAFEN. Hubo varias ventajas. Tenían líderes receptivos y un equipo técnico que podría implementar el proyecto. Habíamos realizado las entrevistas del CIAT con algunos de sus miembros, por lo que sabíamos sus necesidades. Tenía la esperanza de que, si teníamos éxito en algunos proyectos piloto, habría un efecto dominó sobre otros problemas que afectan la salud de las personas y las comunidades. Con los recursos correctos en los lugares correctos, podríamos cambiar las cosas.

LA CUMBRE ESTRATÉGICA

Decidimos patrocinar una cumbre para desarrollar estrategias y realizar el trabajo. Santiago y yo organizamos esta cumbre por correo electrónico. El aceptó invitar a algunos de los productores que habían sido entrevistados, algunos miembros de los equipos técnicos y de gestión de CECOCAFEN y algunas ONG locales. Ambos acordamos que Sam Fujisaka del CIAT sería una buena persona para facilitar la reunión. Él había participado en las entrevistas, conocía el material crudo, tenía una personalidad agradable, podía mantener las cosas en el camino y sabía cómo sacar el máximo provecho de tales reuniones. El propósito de la cumbre era simple: desarrollar el apoyo local y la apropiación de las ideas que brotarían.

En la primavera de 2008, la cumbre se celebró en Selva Negra, en las afueras de Matagalpa. Selva Negra es una propiedad de 250 acres, eco-lodge y centro de conferencias fundado por Eddy y Mausi Kuhl. Eran uno de los primeros defensores de la sostenibilidad de la industria de cafés especiales y habían desarrollado su finca como un modelo de este concepto, donde cultivan el 90 por ciento de la comida que consumen. También tienen un santuario de aves. Ellos ganaron el Premio a la Sostenibilidad de SCAA en 2007. Emplean a 300 personas a tiempo completo y 300 más durante la cosecha. Selva Negra es la finca más sostenible de cualquier tipo en el que he pasado tiempo. Asistí a la cumbre como observador, no como participante. Aquellos reunidos tenían que desarrollar y poseer sus propias estrategias para superar "los meses flacos".

El día de la cumbre, después de las presentaciones, Sam preguntó a cada uno de los veinte participantes que sugirieran posibles estrategias que los miembros de la cooperativa podrían usar para superar estos meses anuales de inseguridad alimentaria. Él escribió cada sugerencia en la gran pizarra de la habitación. Una vez que todas las sugerencias se habían reunido, él las transpuso a una gran pieza de 2x3 pies de rota folio. Sus sugerencias casi llenan el papel. Al lado de cada sugerencia, Sam dibujó una gran caja cuadrada. Después de un breve descanso para tomar café, Sam colocó el rotafolio en una mesa grande. Luego puso cien granos de café encima del papel. Mientras las veinte personas se apiñaban hacia la mesa, él explicó las normas. Se invitó a los participantes de la Cumbre a usar cualquiera o todos los granos para designar su estrategia favorita. Tenían que explicarle al resto del grupo por qué estaban moviendo los granos de esa manera. Cada persona movió un número de granos que se correspondían con sus sentimientos sobre esa estrategia. Generó un rico diálogo que tenía elementos de Las Vegas, una pelea de gallos, un juego Jeopardy® y una convención política. La gente cambiaba de opinión después de haber escuchado argumentos o razonamientos de otros. La gente iba y venía, discutiendo, "tú no puedes hacer eso, hasta que hagas esto..." Una y otra vez. En definitiva, ese era el punto- para llegar a un consenso sobre dos o tres estrategias. Al mover los granos, todos se sentían involucrados. Los grandes movimientos fueron al principio. Este ejercicio de priorización no terminaría hasta que todos alrededor de la mesa estuvieran de acuerdo y fuera estuvieran felices con los resultados.

Después de cuarenta minutos, se presentaron dos estrategias que contaban con el apoyo de todos: 1) Ayudar a los productores a diversificar su finca para cultivar productos alimenticios para el consumo familiar y vender estos productos en los mercados locales como una fuente adicional de ingresos; y 2) Ayudar a los productores con suficiente tierra para cultivar y almacenar granos básicos. Después de que se acordaron las estrategias básicas, Sam utilizó la misma técnica (rota folio y granos de café) para ayudar a los reunidos a desarrollar tácticas para apoyar estas estrategias. ¿Qué tendrían que hacer para diversificar la finca para cultivar alimentos para el consumo y para vender? ¿Qué pasos debían tomar para cultivar y almacenar granos básicos? A medida que avanzaba la tarde, sábanas blancas de papel con estrategias, ideas y tácticas fueron pegadas y cubrían todas las paredes.

Durante toda la Cumbre de un día, mantuve mi papel de observador, con cuidado de no incluir mis recomendaciones. Cuando me preguntaban, mantuve mi lengua bajo cerradura. Este no era mi territorio. Estaba allí para mirar y aprender. Después de todo, no era un experto en cuestiones de seguridad alimentaria y los presentes tenían que poseer y vivir con los resultados de sus decisiones. Al final de la reunión, quitamos todas las hojas de papel de las paredes y las entregamos a Santiago. "Aquí tienes", dije. "Ahora posees las ideas. Tienes suficiente información para presentar una propuesta para Green Mountain o cualquier otra organización para ayudar a apoyar un proyecto basado en las estrategias que se desarrollaron hoy. Recomendé realizar diligencia debida, por ejemplo, consultar con otras cooperativas que están utilizando silos para ver qué funciona y qué no, etcétera.

Cuando hayas terminado, envíanos una propuesta para que nuestro equipo la revise". Santiago estaba satisfecho y prometió entregar una propuesta para principios del verano.

A fines de junio, nos presentó una propuesta. Sus costos proyectados totalizaron $ 160,000 en tres años. Para nosotros, esto significaba un compromiso significativo. Este primer proyecto de seguridad alimentaria beneficiaría aproximadamente a 300 familias. Teníamos mucho que aprender, pero ahora teníamos un remo en el agua y nuestro bote estaba empezando a moverse.

LA TEORÍA DE "LA BURBUJA DEL DESARROLLO"

Ahora que estábamos tomando un rumbo concreto con nuestro pequeño bote, necesitábamos pensar en lanzar otros barcos, financiar otros proyectos y las razones sobre por qué hacerlo. Durante mi tiempo en el mundo del café, siempre sentí que deberíamos responder a las necesidades de los caficultores que producían nuestro café, pero nunca pensé mucho sobre un plan general y teoría para ayudar a todos los caficultores. Mediante este proceso de refinamiento comunitario de un año de duración, bebí innumerables botellas de agua de soda y otras bebidas gaseosas durante el viaje y un día se me ocurrió que nuestra teoría en evolución era así, nacía desde abajo, desde la base, de los mismos productores de café.

La teoría de la "burbuja del desarrollo" funcionaba en cuatro etapas. La primera etapa: -Estar allí. Teníamos que estar allí, en el país, en el terreno. Nadie iba a decirnos sus necesidades a través de un correo electrónico o una encuesta. ¡La segunda etapa -Cállate y escucha! Debíamos estar cerca del campo con los oídos abiertos para escuchar sobre las necesidades compartidas por las familias cafeteras. La tercera etapa fue una idea tomada de Bill Fishbein: -Borbotear. Necesitábamos dejar que las ideas brotaran de las propias comunidades u ONGs que ya estaban en el terreno, como carbonatación. Se podría agitar el biberón un poco para estimularlos en el proceso de autodiagnóstico, pero luego debíamos mantenernos fuera del camino. La cuarta etapa -Aprende sobre la marcha. La teoría de la burbuja insiste en que los donantes filantrópicos monitoreen constantemente su propio enfoque y cambiarlo cuando sea necesario. Nadie lo hace bien la primera vez. Por ejemplo, en lugar de decir: "Vamos a construir una clínica porque no hay una clínica a dos horas de aquí" primero asegúrese a través de diagnósticos comunitarios directos que una clínica es lo que los productores realmente quieren y valorarían. Los diagnósticos proporcionan información sobre los desafíos de las comunidades y sus oportunidades. De esta información, se identifica claramente el objetivo central y luego se desarrolla el plan. Si es necesario, se ayuda a encontrar la organización adecuada para implementar el plan, a través de entrenamiento y/o construcción. Si la comunidad realmente quería esa clínica, ayudaríamos a sus organizaciones locales a hacerlo realidad.

También descubrimos que es importante que los participantes en un proyecto tengan algo en juego y contribuir a la meta: tiempo, ideas, dinero, trabajo, tanto como sea apropiado y posible. No era útil para el donante imponer ideas. El sentido de apropiación de los productores era imperativo, que tuvieran la certeza que el proyecto era el resultado de su propia voluntad colectiva y podría ser ajustado y modificado a medida que cambiaran las circunstancias. Sin esta inversión de propiedad, hay menos posibilidades de que el proyecto se utilice o se mantenga bien y sus posibilidades de éxito se reducen en gran medida. En tales circunstancias, el proyecto puede incluso convertirse en una carga creando más dependencia, perdiendo dinero y finalmente, no ayudando a nadie.

Imagina que tu ciudad resistió un feroz huracán y el gobierno nicaragüense hizo un gran descubrimiento de petróleo en la costa del Pacífico y envió trabajadores humanitarios para ayudarte a salir de tus problemas. Imagina además que los nicaragüenses se acercaron a ti y dijeron: "Creemos que necesitas tres escuelas nuevas y vamos a ayudarte a construirlas". Sin embargo, lo que realmente necesitabas era reparaciones de carreteras y puentes para que los niños pudieran llegar a las escuelas; las escuelas se estarían vacías mientras las familias esperaban los puentes y caminos que se construirán para llegar allí. ¿Y quién pagaría por el mantenimiento de las escuelas vacías? Este tipo de ayuda es de arriba hacia abajo; no es de consulta. No hubo conocimiento directo o comprensión de las necesidades reales porque no hubo preguntas ni escuchas.

Otra implementación de la teoría de la burbuja surgió cuando conocí a una mujer en Nicaragua que orgullosamente me mostró el huerto que ella había plantado. Ella había reservado espacio en medio de su parcela de maíz para plantar variedades de vegetales y así ayudar a su familia durante "los meses flacos". En un punto, ella se volvió hacia mí y dijo: "Estoy emocionada de estar cultivando este huerto. Quiero seguir plantando todo el año; sin embargo, necesitará agua durante la temporada seca y la única agua que tengo está en la parte inferior de esta colina". Vimos a los productores en toda Nicaragua usando técnicas improvisadas y algunas veces ineficaces para regar sus huertos. Esta conversación y otras llevaron a diagnósticos con algunas de las comunidades circundantes donde los funcionarios habían pedido ayuda para proporcionar agua limpia e irrigación por goteo. Por lo tanto, el COOT comenzó a enfocarse más en el agua. Trabajamos con CIIASDENIC, una ONG local, para ayudar a que los proyectos de agua fueran una realidad en el norte de Nicaragua.

El enfoque de la teoría de la burbuja también entró en juego para nosotros cuando una organización estadounidense nos pidió que ayudáramos a construir una planta de fertilizantes orgánicos en el norte de Perú. Le dijimos a la organización estadounidense que nos gustaba la idea. Pero antes de financiar el proyecto, queríamos escuchar a las comunidades. Les solicitamos una carta de la cooperativa de productores que indicara que esta era su solicitud. Con CIAT, sostuvimos diez reuniones con diferentes comunidades y el tema era de hecho, suelo débil y cansado, que perturbaba a los productores con rendimientos de café muy erráticos. Querían mejorar sus rendimientos, particularmente en años de inactividad, utilizando fertilizantes orgánicos. El valor local directo del proyecto fue confirmado y entonces procedimos.

El COOT comenzó a comprometer dinero y recursos para proyectos comunitarios en Nicaragua. Me sentí como un agricultor novato, plantando una nueva cosecha por primera vez y confrontado por todas las cosas que podrían ir mal: el clima, los insectos, el mercado y la calidad de las semillas. Tenía la esperanza de que nuestras figurativas y literales aplicaciones de fertilizantes, agua y asistencia técnica ayudarían a las plantas, fincas y familias de productores a cultivar orgánicamente y se volvieran saludables y abundantes.

CAPÍTULO OCHO

Calidad de Vida antes que la Calidad del Grano

Fuimos afortunados. Justo cuando estábamos refinando los criterios que usábamos al publicar donaciones, el dinero comenzó a fluir. Esto se debió al fuerte crecimiento en ventas de las infusiones de café Keurig y K-cups. Keurig, como parte de Green Mountain Coffee Roasters, Inc., estaba aumentando rápidamente la rentabilidad general de la empresa y esto a su vez estaba creciendo rápidamente el presupuesto del COOT para apoyar proyectos en las comunidades de café. Cambiamos gran parte de nuestro trabajo de esperar que las propuestas de proyectos llegaran a nosotros a buscar nuevos socios que pudieran ayudar a implementar proyectos en nuestra cadena de suministro. Había cientos de donde elegir. Comenzó a parecer como si estuviéramos dirigiendo nuestra propia fundación.

Empezamos primero con organizaciones a las que les habíamos dado anteriormente -viejos amigos como Coffee Kids- y se les alentó a pensar en la línea de reducir "los meses flacos". La segunda categoría de proyectos que evaluamos fue aquellos de las grandes organizaciones no gubernamentales como Catholic Relief Services, Heifer International, Mercy Corps y Save the Children. Estos grupos hacían cosas en una escala que no podríamos haber financiado antes. Ahora podíamos. Una alianza con ellos ayudaría a ambas organizaciones. La tercera categoría incluía aquellos proyectos con los que tropezábamos o que pasaban por nuestra puerta y la cuarta fueron esfuerzos que valían la pena de los que habíamos oído hablar, por lo que los contactábamos y nos reuníamos con ellos. Un ejemplo fue Water for People, una organización que desarrolla soluciones innovadoras y duraderas para el agua, problemas de saneamiento e higiene en el mundo en desarrollo. Ellos estaban trabajando en la parte inferior de la pirámide económica y aquí era donde queríamos estar.

CONEJITOS Y LA TEORÍA DE LA BURBUJA

Uno de los primeros proyectos de seguridad alimentaria que financiamos fue en conjunto con Heifer International en Chiapas. Fuimos con ellos para entregar conejos y lechones en las localidades de allí. Otro objetivo del viaje fue darle más experiencia a Sandy Yusen en viajes a origen, quien fue mi excelente reemplazo como director de relaciones públicas en Green Mountain Coffee Roasters. Sabía que ella sería una gran aliada a medida que avanzáramos con proyectos de seguridad alimentaria. Ella había participado en el primer viaje de personal que dirigí a Nicaragua. Pero los viajes del personal no se centraban en los proyectos de extensión comunitaria que apoyábamos. Esta era una oportunidad para hacer eso. Creo que Sandy sintió que el problema de la inseguridad alimentaria no desaparecería. Lo más que ella pudiera ver de las verdaderas condiciones de vida de los productores de café, mejor podría representar a la empresa y apoyar la campaña contra "los meses flacos".

Heifer se había puesto a trabajar con CESMACH (*Campesinos Ecológicos de la Sierra Madre de Chiapas*), que era una de las cooperativas donde el CIAT realizó las entrevistas que trajeron a la luz "los meses flacos". El entrenamiento de Heifer en campo se enfocaba en la motivación y responsabilidad, además de asegurar que los animales recibían la atención adecuada de los miembros de la comunidad que los recibían. Tenían ciertas reglas a seguir. Los destinatarios tenían que "compartir el regalo", es decir, la descendencia del animal, con sus vecinos. Este intercambio en última instancia podía permitir que toda la comunidad se beneficiara del programa. Con la teoría de la burbuja en mi cabeza, quería ver por mí mismo de qué se trataba el proyecto.

Durante horas de carreteras secundarias que azotaban los riñones, acompañamos a los representantes de Heifer mientras repartían conejos y lechones. La mayoría de los granjeros vivían en una zona de amortiguamiento entre la Reserva de la Biosfera El Triunfo y las partes más desarrolladas de Chiapas. El Triunfo ha sido identificado por Conservation International como uno de los veinticinco "puntos críticos" globales que son colectivamente hogar de más de la mitad de las plantas y animales del mundo. Cuando entramos en estos pueblos, todos en la ciudad salían a la distribución de conejos. Distribuiríamos dos conejos por familia y ellos a menudo encontraban rápidamente su camino en manos de niñas pequeñas cuyos ojos brillaban de emoción. Esto permitió tomar fotos fabulosas y tomé docenas. Por supuesto, al mismo tiempo todos estábamos pensando, "abrázalos ahora, porque en tres o cuatro meses, ellos serán la cena". Mientras tanto, se estarían reproduciendo como locos, por lo que los productores tendrían lo suficiente para sí mismos y para regalar a sus vecinos.

PAGANDO UNA PRIMA PARA MEJORAR LA CALIDAD DE VIDA

CESMACH era una gran organización, aunque relativamente pequeña en tamaño. Siempre me gustó trabajar con ellos. Fueron muy concienzudos y tomaron sus deberes en serio. Su banca de liderazgo era pequeña, pero entusiasta y muy competente. Sabían cuáles eran los problemas e intentaban arreglarlos en una escala pequeña, muy local. A pesar de que ya tenían certificación orgánica, tomaron la iniciativa de contratar durante el tiempo libre un inspector de suelos para visitar sus parcelas. El inspector evaluó los suelos de las parcelas de los miembros de CESMACH para asegurarse de que estaban cumpliendo con los estándares orgánicos y ecológicos que la cooperativa había establecido y les aconsejó sobre cómo mejorar su producción de café de manera sostenible. CESMACH incluso advirtió sobre dar la más alta sanción: si un agricultor era descuidado y se negaba a cumplir con los estándares o a hacer las mejoras recomendadas, la cooperativa se rehusaría a comprar su café. Para pagar esta capacitación adicional, habían ido añadiendo veinte centavos por libra al café que nos vendían a nosotros y a otros compradores. El problema era que nuestros compradores habían comenzado a comentar que estaban pagando esta prima, que hacía que el precio total fuera más alto que otros cafés de la misma área. Limitó nuestro potencial para comprar volúmenes más altos y profundizar nuestra relación comercial con CESMACH.

Durante una visita a CESMACH en 2005, hablé con el Gerente General Sixto Bonilla y sugerí que separara la prima del precio de su café para su programa ecológico. Luego lo alenté a que presentara a la COOT una propuesta para una subvención que pagaría por este programa. Esto le permitiría ofrecer el café de CESMACH a un precio más competitivo, lo que podría ayudar a aumentar su volumen a lo largo del tiempo. CESMACH envió una propuesta a Green Mountain. Ellos también pidieron ayuda para plantar 11,000 árboles frutales. De acuerdo con el plan de CESMACH, los productores individuales recibirían de 30 a 40 árboles, desde aguacates, mangos y cítricos, a manzanas y peras. Resultó ser un programa integral para la cooperativa y los agricultores y también ayudó a Green Mountain. Podríamos comprar más café de CESMACH a precios de mercado. CESMACH obtuvo el apoyo del COOT para su asistencia técnica y proyectos de mejora de la finca. CESMACH estuvo en mejor posición de garantizar que los productores utilizaran prácticas agrícolas respetuosas con el medio ambiente y su café orgánico, que a su vez protege aún más el medio ambiente prístino de El Triunfo.

SOCIOS EN SALUD

Mientras Sandy y yo seguimos conduciendo por las colinas sobre Jaltenango, Chiapas con los representantes de Heifer, una misteriosa camioneta blanca pasó junto a nosotros en un tramo plano. "¡Hay un gringo manejando esa camioneta!" Sandy gritó. Estábamos entregando lechones y cuando llegamos a un pueblo remoto, allí estaba otra vez la camioneta blanca. Estacionamos e intercambiamos saludos con el conductor. Su nombre era Daniel Palazuelos. Era médico y estaba viajando con tres estudiantes de la Escuela de Medicina de Harvard; ellos estaban trabajando en el área con Partners in Health.

Daniel dijo que iban de casa en casa, preguntando a las familias en la comunidad si tenían algún problema de salud y si se descubrían problemas, los atendían en ese mismo momento. Ellos también estaban trabajando en la erradicación de una pulga particularmente maligna que estaba causando la oncocercosis (ceguera de los ríos). "¡Como este!" Daniel se acercó para quitarme uno. Explicó que la pulga negra se enterraba bajo la piel de una persona y luego cuatro meses más tarde, los gusanos manaban como versiones en miniatura del monstruo de las películas Alien. Pensamos que estaba bromeando hasta que más tarde ese día vimos un mural pintado en una pared de un edificio, representando todo el ciclo de vida horrible de la pulga y gusano. A partir de ese momento, tomé más en cuenta a los pequeños insectos que me rodeaban.

Cuando llegué a casa en los EE. UU., manejé hasta Boston para reunirme con personal de Partners in Health. El equipo de País de

Origen había estado buscando maneras de expandir y ampliar nuestro apoyo a las iniciativas de salud más allá del estrecho foco de Grounds for Health. El trabajo y el enfoque de Partners in Health tenía una promesa significativa. Estaban enviando equipos médicos a Haití, Perú y Ruanda. Su objetivo era llegar al mayor número posible de poblaciones para proporcionar asistencia médica. México era el sitio de su proyecto más pequeño; ahí estaban entrenando a trabajadores de salud de la comunidad para ir a las áreas remotas y proporcionar primeros auxilios avanzados. En lugar de construir una clínica estacionaria, estaban llevando las clínicas a la gente. También estaban vinculando a trabajadores comunitarios de la salud con los médicos a través del teléfono celular. El trabajador de salud era entrenado para diagnosticar y tratar problemas básicos, pero si el diagnóstico estaba en duda, él o ella usarían un teléfono celular para comunicarse con el médico de turno, quien podría hacer preguntas y ayudar al trabajador de salud a llegar al diagnóstico y régimen de tratamiento adecuado.

Como se describe en la misión del COOT, nuestra asistencia debe beneficiar directamente a los productores de café y sus familias en el hogar. La salud es un elemento crítico del impacto de la "calidad de vida" que esperábamos tener en las comunidades de café. Considerando "los meses flacos" y los muchos desafíos de salud asociados a una dieta pobre, el apoyo de los programas de salud sería vital.

Aprendí rápidamente que el trabajo de desarrollo comunitario no es simple: las necesidades de las personas son complejas e interconectadas. No hay una mejor práctica singular simple para resolver el problema de escasez de alimentos en una comunidad cafetalera; hay múltiples posibilidades que deben establecerse de manera holística y secuencialmente para ser más eficiente y más efectivo.

CRECIMIENTO DEL NÚMERO DE PROYECTOS

Se corrió la voz de que Green Mountain estaba financiando proyectos para mejorar la calidad de vida en las comunidades cafetaleras y las propuestas de proyectos comenzaron a llegar a un ritmo acelerado. Hubo un proyecto de agua en Nicaragua. La organización Pueblo a Pueblo solicitó fondos para administrar un proyecto llamado "Sembrando el Futuro", que entrelazaría educación sobre salud, alimentos, nutrición y huertos en las clases de los niños de poblaciones Maya de Guatemala cerca del Lago de Atitlán. Sustainable Harvest solicitó financiamiento para un proyecto de riego por goteo en Tanzania. Save the Children escribió una propuesta de proyecto enfocada en programas de seguridad alimentaria, microcrédito y agua potable en Bolivia.

Muchos de los proyectos que llegaron al COOT fueron aprobados, pero no siempre era claro el navegar. En un momento dado, recibimos una propuesta de una empresa en Nicaragua que quería proporcionar e instalar paneles solares en los hogares de pequeños productores de café. Al principio, esto parecía una buena idea, ya que proporcionaría una fuente de energía sostenible y reduciría la dependencia de los agricultores en madera y queroseno para combustible e iluminación. Al revisar la propuesta y haciendo algunos cálculos rápidos, parecía que el costo del sistema para la familia agricultura si se pagaba en un periodo de más de tres años, sería entre $ 650-700 por año. No nos tomó mucho tiempo darnos cuenta de que para una familia que ganaba $ 2,000 al año y luchando por poner comida en la mesa muchos meses del año, esto no sería posible. En un intercambio de correos electrónicos con la organización, pregunté con cuántos productores habían hablado sobre los paneles y su costo y cuáles fueron las reacciones de ellos. La organización respondió que no había hablado con ningún productor, pero había desarrollado este plan de negocios con un programa de computadora basado en lógica remota, que como hemos aprendido, no siempre concuerda con la realidad en el terreno. El Equipo de País de Origen (COOT) comunicó esto y otras preocupaciones a la compañía y finalmente se declinó el proyecto.

En 2010, Save the Children contactó a COOT en busca de ayuda para ofrecer cabras a aldeas en un área de Guatemala donde habíamos provisto apoyo antes. Las cabras son una excelente fuente de leche nutritiva para niños pequeños. Save the Children quería traer una nueva raza de cabras que aumentaría la producción de leche en un 40 por ciento. Esperaban ser capaces de proporcionar leche de cabra para varios miles de niños en el Triángulo Ixil. El triángulo Ixil es más del 90 por ciento mayas y se encuentra entre las áreas más pobres en Guatemala, con tasas extremadamente altas de inseguridad alimentaria. También es un área que ha sufrido mucho durante la larga guerra civil.

No hubo dudas sobre la necesidad. La región nos importaba y pensé que era un proyecto excelente.

Estaba viajando durante la reunión del COOT cuando sería sometido a votación el proyecto. Descubrí más tarde que el grupo había rechazado la propuesta. Cuando cuestioné la decisión, me dijeron que algunas personas sentían que habíamos hecho suficiente trabajo de proyectos en esa área. Otra queja fue que algunas de las personas a las que ayudaríamos no eran productores de café en nuestra cadena de suministro. El razonamiento fue que, aunque Green Mountain compra café en el área, no compramos a cada agricultor a quien el proyecto podría beneficiar. A otros les preocupaba que estuviéramos trabajando con una gran organización, Save the Children, en lugar de organizaciones más pequeñas en el área.

Estaba un poco preocupado por la decisión del COOT y le pedí al equipo que reconsiderara esta propuesta de Save the Children. Prediqué un pequeño sermón. ¿Qué importaba que hubiéramos trabajado allí antes? Habíamos trabajado en otras comunidades mucho más tiempo. ¿Y qué si unas pocas familias de cafeteros fuera de nuestra cadena de suministro en estas regiones recibían alguna ayuda? ¿Acaso una marea creciente no levantaría todos los barcos? Y en cuanto a trabajar con Save the Children, ¿por qué no? Si ellos están haciendo algo en lo que creemos y tenemos la infraestructura para hacer un buen trabajo en una escala mayor, ¿por qué deberíamos tratar de reinventar la rueda? Más pequeño no es necesariamente mejor o más eficiente. Durante los últimos cinco a siete años, nuestros recursos eran demasiado pequeños para asumir proyectos de esta envergadura. Tuvimos que lidiar con organizaciones más pequeñas. Éramos demasiado pequeños para Catholic Relief Services o Save the Children o Heifer.

Continué, "Tenemos que ver dónde están las necesidades más grandes y este proyecto aborda eso. Aquí en Guatemala estaríamos apoyando un proyecto que reduciría el retraso en el crecimiento infantil al proporcionar a los niños pequeños leche nutritiva que les permitirá desarrollar todo su potencial. Estos niños se encuentran entre los más pobres entre los pobres en toda nuestra cadena de suministro de café. Si no podemos apoyar este tipo de proyectos, no estoy claro lo que estamos haciendo. Para mí es blanco y negro. Necesitamos mirar el impacto del proyecto, no el tamaño. "Abrí el espacio de la reunión para la discusión. Dichosamente, el equipo entendió, respetó y finalmente estuvo de acuerdo con mi posición sobre este proyecto. Con el tiempo desarrollamos mejores filtros a través de los cuales evaluar las propuestas de proyectos y el impacto de este. Este proyecto se convirtió en nuestra brújula moral, por así decirlo, al evaluar otras empresas.

"¡ESTE NO ES UN CRUCERO EN EL CARIBE!"

Desde 1992, Green Mountain había proporcionado a los empleados la oportunidad de realizar viajes de "origen" a los países productores de café para aprender sobre café y la cultura local. Empleados de todas las áreas de la compañía recomendados por sus supervisores para ser seleccionados para un viaje con gastos pagados como reconocimiento por un buen servicio. En 2006, alrededor del 20 por ciento de los empleados de Green Mountain habían ido en uno de estos viajes. Pero con el crecimiento meteórico de la empresa en los años siguientes, ese porcentaje fue difícil de mantener. Los viajes fueron a Costa Rica, México y Guatemala y ahora la compañía quería agregar a Nicaragua a la lista de orígenes. Porque había pasado tiempo allí, me pidieron que organizara y dirigiera ese viaje anual. Era una buena oportunidad de plantar semillas de interés y entusiasmo.

En los viajes anteriores, los empleados iban de un lado a otro, pasaban tiempo en fincas de café, cosechaban un poco de café, trabajaban en los centros de acopio y procesamiento, comían con los productores y luego volvían al autobús. Los empleados volvían de estos viajes muy motivados por lo que habían visto. Yo quería llevar los viajes a Nicaragua a un nivel más profundo a fin de proporcionar una experiencia más completa e incluso más rica. No hay nada con qué comparar la primera vez que los empleados conocen a las personas que cultivan el café que paga sus salarios. Lindsey Bolger y yo fuimos asignados con la tarea de organizar este viaje en 2006. Decidimos que los empleados deberían ver dos propiedades: una grande y una pequeña y dos cooperativas de comercio justo compuestas de productores de pequeña escala, con el fin de comprender los desafíos y oportunidades que enfrentan los dos modelos principales de organización de finca.

El primer viaje de los empleados a Nicaragua estaba programado para realizarse a inicios de enero de 2007. En octubre, llamé al equipo de 12 miembros para nuestra primera reunión. En mi charla introductoria, di material al equipo sobre la historia de Nicaragua y les hice saber que Nicaragua era el segundo país más pobre en el hemisferio occidental. El cincuenta por ciento de la gente vivía debajo de la línea de pobreza. El café era por valor la exportación más grande del país, pero eso era solo $ 150 millones para un país de seis millones. Nicaragua todavía sufría de los efectos del huracán Mitch, que mató a casi 4.000 personas y causó más de $ 1 mil millones en daños. Expliqué el propósito del viaje y advertí que esta no sería una semana tranquila, sino una llena de actividades. No tomaríamos mucho alcohol; esto no sería una vacación. Si el equipo quería pasar un día en la playa, organizaría eso, pero eso sería un día separado de la agenda para aprender sobre el café y las familias que lo cultivan. Ninguno solicitó ir a la playa.

En el viaje, el equipo visitó a los productores de pequeña y gran escala, según lo planeado. Probaron sus manos novatas en la cosecha de café. Visitamos beneficios húmedos y recorrimos beneficios secos, patios de secado y depósitos de café. Todos tuvieron un turno para catar café en los laboratorios de control de calidad propiedad de las organizaciones de productores. Insté a los miembros del equipo a comer alimentos locales siempre que era posible y a probar el español que tuvieran en su repertorio mientras hablaban con los productores que conocíamos. En algunos casos, empujé a los miembros del equipo un poco más allá de su nivel de comodidad e interactuar con los productores, no solo saludarlos. En el tercer año del viaje de origen de Nicaragua, arreglé que los empleados pasaran una noche en una comunidad de café en las casas de familias de caficultores. Deje esta experiencia como opcional. Ocho de los doce miembros optaron por participar. En la percepción de aquellos que participaron tuvo tanto éxito, que decidimos hacerlo parte del viaje para todos. Creo firmemente que desarrollar conexiones humanas reales es lo que cambia el mundo. El acto de entrar a la casa de alguien, viendo sus ojos, dándose la mano, comiendo con ellos y conociendo a sus hijos- es una experiencia inolvidable y poderosa para todos. Esto es lo que cambia individuos, incluso sin hablar español o kinyarwanda.

Disfrutaba estos viajes anuales. Era genial ver los lugares que yo conozco a través de ojos frescos de gente nueva. Se conmueven de diferentes maneras. Una mujer que amaba a los animales, después de cada comida recogía los restos para alimentar perros de la calle. Otros dos participantes enviaron a uno de los conductores nicaragüenses que cuidadosa y considerablemente nos transportó toda la semana un conjunto de CDs de Rosetta Stone para el aprendizaje de inglés para hispanoparlantes. Otro empleado ahora se ofrece como voluntario para una ONG de Vermont que trabaja en Matagalpa, Nicaragua. A medida que comienza el viaje, la mayoría de los empleados solo conocen dos o tres de los doce miembros del equipo. Para el final del segundo o tercer día, todos se han hermanado. Otros equipos tienen reuniones ad hoc cuando los miembros del equipo que está fuera de la ciudad visitan la sede en Vermont.

De doce personas en un viaje, dos regresarían y dirían: "¡Buen viaje!" Siete de ellos volverían y dirían: "¡Buen viaje! Entiendo mucho más sobre café, qué tan duro trabajan los productores y cómo esa pieza encaja en el esquema global de las cosas". Las tres personas restantes retornarían y declararían que sus vidas fueron cambiadas para siempre.

DEL SALÓN DE JUNTAS AL BARRIO

El viaje con el CEO Larry Blanford, quien sucedió en 2007 a Bob Stiller, el fundador de Green Mountain era un tipo de viaje muy diferente. Larry es bien parecido. Durante su primer año en la compañía, a menudo nos encontrábamos en la máquina de café en el pasillo y en repetidas ocasiones me preguntó si tenía algún viaje planeado, ya que quería ver y aprender sobre el café de primera mano. Le dije que me alegraría que nos acompañara en uno de los viajes. Sentí que él hablaba en serio sobre esto y finalmente armamos un viaje que lo expondría a dos modelos diferentes de organizaciones de productores en dos países: una cooperativa de Comercio Justo en Huatusco, México, una finca privada en Guatemala, y una cooperativa de Comercio Justo cuyos miembros eran indígenas mayas de Chajul, Guatemala. En tres días y medio, Larry tendría una buena visión general, pero para cubrir esa distancia en esa cantidad de tiempo tuvimos que usar helicópteros en lugar de transporte terrestre. Lo que nos llevaría solo treinta minutos en el aire tomaría de cuatro a seis horas en las difíciles carreteras en tierra. Estaba muy feliz de que Larry quisiera ir a pesar de su limitada disponibilidad para viajes.

Salimos a fines de enero en un pequeño jet privado. Junto con nosotros estaba el Jefe Oficial Financiero Fran Rathke, el Vicepresidente de Producto y Desarrollo Tom Novak y la miembro de la Junta Directiva de Green Mountain Hinda Miller. Nos detuvimos en Tampa para recoger a un ex miembro de las Fuerzas Especiales Británicas quién nos proporcionaría seguridad durante el viaje y luego continuamos a Mérida, México. Desde Mérida, volamos a Veracruz y luego manejamos hasta a Huatusco para pasar nuestro primer día visitando la cooperativa y sus miembros.

Huatusco es una bulliciosa ciudad de café. Después de recorrer los beneficios húmedos y seco de la cooperativa, pasamos por un hospital donde Grounds for Health había trabajado para establecer una clínica. En el hospital, tuvimos la oportunidad de visitar la clínica y hablar con algunos de los doctores. Larry preguntó a los médicos qué desafíos enfrentaban. Un médico respondió que la clínica, que no estaba abierta cada día, realizaba campañas educativas periódicas en Huatusco para alentar a las mujeres a visitar la clínica y realizarse exámenes. Explicó que a menudo era difícil hacer que las mujeres participaran en las campañas de la clínica. Esto se debía a cierto nivel de miedo a lo desconocido, así como al hecho de que muchos tenían que viajar largas distancias para llegar a la clínica, lo que requería tiempo y recursos valiosos. El médico continuó diciendo que también les gustaría ofrecer a las mujeres un servicio más cuando llegaran: las mamografías para la detección temprana del cáncer de seno. Pensó que tener ambos servicios disponibles cuando las mujeres lograran viajar podría alentar más a hacerlo como un valor agregado y beneficio. Lamentablemente, continuó, el hospital no tenía el moderno equipo de mamografía. Larry estaba claramente conmovido por esta preocupación y expresó su interés en ayudar al hospital a obtener el equipo necesario. Cuando volvimos a Vermont, pude conectarme con Radiology Mammography International, una organización que trabaja para proporcionar a hospitales ubicados en áreas en desarrollo en todo el mundo con modernos equipos de mamografía a bajo costo o sin costo. Después de algunas conversaciones, la organización visitó Huatusco y se reunió con la cooperativa y las autoridades regionales de salud.

Más tarde ese día en Huatusco, tuvimos la oportunidad de visitar algunos caficultores en el campo y Larry preguntó a los productores muchas preguntas sobre su café. Caminó por las parcelas de café preguntando por las variedades plantadas, los rendimientos que los productores estaban obteniendo y el apoyo técnico que ellos recibían de la cooperativa. En cada conversación, ya sea con una pequeña familia de productores de café, o los doctores en el hospital, Larry estaba cómodo y completamente comprometido. Estaba claro para mí que él estaba interesado en encontrar formas en que Green Mountain podría apoyar los esfuerzos para ayudar a los productores de café a mejorar la calidad de su café y la calidad de vida de ellos y sus familias.

Temprano a la mañana siguiente abordamos el avión y voló de Veracruz a Ciudad de Guatemala, donde nos recibió Mireya Jones de *Finca Dos Marías*, una finca de la que veníamos comprando café desde hace años. Durante el resto de la tarde recorrimos la finca y luego pasamos la noche allí. Antes que amaneciera a la mañana siguiente, volamos al lago de Atitlán para tomar el desayuno. Como nuestros dos helicópteros aterrizaron en el helipuerto de un hermoso complejo a las 7:15 por la mañana, pude ver a los huéspedes del hotel quitando con cuidado las cortinas de sus habitaciones para ver qué era el ruido. Después de un delicioso desayuno volamos a Chajul en el departamento de El Quiché, hogar de la cooperativa de Comercio Justo Chajulense. Pasamos dos horas visitando a la cooperativa, sus miembros y su beneficio seco para luego regresar a la ciudad de Guatemala. Me despedí de Larry, Fran, Hinda y Tom mientras abordaban el pequeño avión que los llevó a casa a tiempo para cenar con sus familias esa noche.

CAPACITAR A LOS CAPACITADORES

De la investigación que habíamos hecho y de las propuestas de proyectos que estaban inundando al Equipo de País de Origen, sin duda sabía sobre el problema de "los meses flacos". Pero no sabía con qué fuerza los miembros de nuestra propia cadena de suministro se sentían al respecto. Decidí usar una reunión anual de la industria para congregar a algunos miembros de nuestra cadena de suministro para discutir el tema y lo que estaban haciendo para ayudar a los productores a lidiar con los meses flacos: compartir lo que funcionaba y lo que no.

Green Mountain todavía estaba respaldando la conferencia "Let's Talk Coffee[3]" organizada por Sustainable Harvest. El presidente de Sustainable, Dave Griswold concibió y organizó la conferencia para unir a las personas de los extremos de la industria tanto de la oferta como de la demanda y para construir mejor comunicación y una mayor transparencia en toda la cadena de suministro. Cada mes de octubre Sustainable organizó y fue el anfitrión de una reunión de tres días en un país. En 2009, se realizó la conferencia "Hablemos de café" en Nicaragua. Le pregunté a Dave si podría tener una pequeña sala de reuniones donde pudiera reunirme con alrededor de una docena de miembros de nuestra cadena de suministro para hablar sobre seguridad alimentaria y los resultados del estudio CIAT. Él dijo que no habría problema. Le pedí a Michael Sheridan quien en ese tiempo trabajaba para Catholic Relief Services (CRS) que me acompañara. Sabía que, siendo partidario por mucho tiempo de la seguridad alimentaria y la diversificación agrícola, Michael agregaría una voz conocedora y cordial a la discusión.

Casi treinta cooperativas estuvieron representadas en "Let's Talk Coffee", pero no teníamos idea de cuántos delegados podrían venir a nuestra reunión. Esperaba cerca de una docena y deseaba veinte. La sala de reuniones que nos habían proporcionado era grande. Cuando llegamos, quince minutos antes de que comenzara la sesión, veinticinco personas ya estaban en la habitación. Y siguieron llegando. Trajimos más y más sillas. En última instancia, el centro de conferencias no tenía más sillas para darnos. Ciento treinta y cinco personas se apiñaron en esa habitación y treinta y cinco de ellos resistieron de pie más de dos horas para escuchar y participar en la conversación. Después de dar un breve resumen, Michael brindó una perspectiva útil e invitó a cualquiera a presentarse para compartir sus experiencias con "los meses flacos": los desafíos y las posibles soluciones. Un incesante desfile de productores se acercó al micrófono para compartir sus historias sobre los meses flacos México, Honduras, Guatemala, Colombia y Nicaragua.

Estaba aturdido. Dave estaba aturdido. La participación y la discusión activa demostraron que había un interés y una necesidad apremiantes que debía ser atendida. Solo teníamos que obtener algo de

---

[3] Hablemos de Café

tracción de la reunión. A Dave se le ocurrió la idea de un taller "capacitar a los capacitadores" dedicado a varios ciclos específicos que abordaran la seguridad alimentaria. La intención era invitar a varias cooperativas para que enviaran dos o tres representantes al taller. Cada representante tomaría dos cursos de dos días, luego regresaría a su origen y comenzaría a entrenar a otros -incluidos los asistentes técnicos de las cooperativas trabajando directamente con los productores, compartiendo las habilidades que habían aprendido en el programa. Sustainable Harvest tomó el balón organizacional y Green Mountain asumió la mayor parte de la cuenta. En junio de 2010, tuvimos una conferencia de cuatro días sobre "Soluciones de Seguridad Alimentaria" en la finca Selva Negra en Nicaragua. Más de sesenta agricultores, gerentes y técnicos vinieron de las cooperativas de toda América Central. La sustancia de la conferencia de cuatro días consistió en cuatro cursos de dos días de habilidades prácticas, en los que profundizamos, literalmente. El primer curso estuvo enfocado en el cultivo de hongos basado en técnicas que ganaron el premio de Sostenibilidad de SCAA en 2009. El segundo curso fue sobre cómo el fertilizante orgánico podría mejorar la productividad del café y otros cultivos. La apicultura fue el tercer curso. Incluyó discusiones sobre los múltiples usos de productos de miel y colmena como cera, veneno, propóleo, así como trabajo de campo práctico con abejas africanizadas. El cuarto curso se centró en los huertos familiares: una fuente comprobada de alimentos más nutritivos a una fracción del costo de comida comprada.

La agenda se estableció para que cada delegado pudiera tomar dos cursos diferentes. Si una cooperativa enviaba dos personas, podrían hacer los cuatro talleres entre ellas. Fue divertido ver a estos grupos trabajar juntos. La mayoría vino con intención seria, cuadernos y preguntas listas. En clase y afuera, charlaban como urracas. Los aprendices de apicultura estaban particularmente orgullosos por conquistar las abejas africanizadas. Conferencias y debates de marketing, cambio climático y finanzas proporcionaron sustancia a todo el grupo para reflexionar y discutir. La discusión sobre el clima era inquietante: el CIAT mostró el mapeo GIS que predecía la pérdida para Nicaragua dentro de cuarenta años de hasta el 70 por ciento de sus áreas de cultivo de café de alta calidad debido a factores ambientales cambiantes.

En general, pensé que Sustainable Harvest hizo un excelente trabajo organizando el evento. Los talleres fueron todos prácticos y en profundidad, los delegados no estuvieron solo sentados allí mirando presentaciones de PowerPoint. La prueba vendría cuando estos "capacitadores" fueran a casa para capacitar a otros.

MIRANDO HACIA ADELANTE, OBTENIENDO RECONOCIMIENTO

Una vez que habíamos lanzado este proyecto de seguridad alimentaria en Nicaragua, queríamos monitorear y evaluar su efectividad. También queríamos que los resultados se defendieran en el tribunal de la opinión académica. Sentí que sería más saludable, en la medida de lo posible, aprender de terceras partes evaluadoras, para que Green Mountain no estuviera simplemente certificando sus propios proyectos. Si íbamos a tratar de llevar proyectos a una mayor escala en colaboración con otras organizaciones, el tener una fuente creíble de monitoreo y evaluación sería muy importante. Una cosa que las grandes fundaciones y los donantes corporativos quieren es datos y expertos que respalden su trabajo. Queríamos esa evidencia y datos para usarlo como un formato en futuros proyectos. Pensé que la agroecología era el campo académico más relevante para lo que estábamos haciendo con la seguridad alimentaria en las comunidades cafetaleras. La agroecología es el estudio de las interacciones entre plantas, animales, los humanos y el medio ambiente dentro de los sistemas agrícolas. Tal investigación reforzaría nuestro trabajo con subvenciones y cosas por el estilo. Comenzamos a explorar y finalmente apoyar, un par de becas de posgrado en la Universidad de Vermont (UVM).

Comenzamos hablando con Ernesto Méndez, un salvadoreño que enseñaba agroecología en UVM. Él y el profesor Chris Bacon de la Universidad de California en Santa Clara eran investigadores líderes en el campo. Ellos habían coeditado (con otros tres) un libro llamado Enfrentar la crisis del café. Bacon había fundado la Red de Agroecología Comunitaria (CAN), enfocada en establecer vínculos alimentarios alternativos entre productores y consumidores. Ernesto sugirió que sus alumnos podrían ser parte del monitoreo y evaluaciones en el marco de su trabajo de tesis de maestría. Esto fue una bendición para las comunidades, para las escuelas y para nosotros. También benefició a una nueva generación de estudiantes que pueden ir a trabajar en este campo. Por lo menos, estos estudiantes tendrían la oportunidad de ver por sí mismos la infinidad de problemas de seguridad alimentaria en el desarrollo económico.

Todo el trabajo que estábamos haciendo con el COOT en Green Mountain empezaba a ser notado. Habíamos reunido una coalición de organizaciones sin fines de lucro organizaciones y cooperativas de café de comercio justo, incluyendo Save the Children, Heifer International, Catholic Relief Services, Café Femenino, Red de Agroecología Comunitaria, Pueblo a Pueblo, CECOCAFEN, y CESMACH, habíamos creado una red de proyectos de seguridad alimentaria en múltiples regiones. Entre 2008 y principios de 2010, Green Mountain había financiado catorce proyectos en diez países que comenzaban a ayudar a más de 18,000 familias (más de 96,000 personas) a desarrollar la capacidad de superar los meses de inseguridad alimentaria de una manera sostenible. En abril de 2010, recibí un correo electrónico de la Corporación McDonald's declarando que Green Mountain Coffee Roasters era uno de los ganadores de sus premios al Mejor Suministro Sostenible Global.

Fui a la sede de McDonald's en Oak Brook, Illinois para recibir el premio de reconocimiento para la compañía. El premio fue presentado a Green Mountain por el enfoque de la empresa en la seguridad alimentaria en su cadena de suministro y el impacto que estos proyectos estaban teniendo en la calidad de vida para los productores de café y sus familias. Teníamos proyectos llegando. Estábamos otorgando subvenciones. Incluso habíamos ganado algo de reconocimiento. Sin embargo, todavía había miles de familias a las que había que llegar ... No sabía qué más podría estar haciendo, pero su hambre y sus dificultades me obligaron a hacer más. ¿Podríamos sentarnos en nuestros laureles cuando la gente todavía estaba pasando hambre? Nuestro trabajo estaría completo hasta que nadie fuera a la cama con hambre.

CAPÍTULO NUEVE
EL TRABAJO MÁS IMPORTANTE QUE HE HECHO

FOOD 4 FARMERS

Marcela Pino y yo estábamos en Matagalpa, Nicaragua sentados en un restaurante italiano teniendo una cena tranquila. Marcela era una estudiante graduada de UVM haciendo un trabajo de monitoreo y evaluación para apoyar los proyectos de seguridad alimentaria de CECOCAFEN para su maestría con el profesor Ernesto Méndez. Como de costumbre, yo estaba siendo muy crítico con los supuestos beneficios de la producción de café que llegan hasta el productor. Según esta teoría, los agricultores cultivan café de alta calidad y el alto precio que establece es suficiente para pagar todos los gastos de los agricultores. "Por más de veinte años esta industria ha estado aseverando que si los agricultores cultivan café de alta calidad recibirán precios más altos que les proporcionarán mejores ingresos y una mejor calidad de vida. Después de pasar tiempo en las comunidades de café en todo el mundo, quiero preguntar ¿Dónde está la carne? ¿Dónde está la prueba en el terrero de que incluso el Comercio Justo o el café orgánico pagan lo suficiente como para permitir a las familias que cultivan café de pequeña escala satisfacer las necesidades básicas?". Mientras divagaba en un sermón que Marcela había escuchado antes, una idea me golpeó. Estábamos financiando proyectos con Coffee Kids, CECOCAFEN, CESMACH, Save the Children, Heifer Internacional y Catholic Relief Services, que tenían algunos componentes de seguridad alimentaria. Pero ninguna de estas organizaciones estaba centrada por completo en la seguridad alimentaria en las comunidades cafetaleras y el problema de la seguridad alimentaria solo estaba asomando la cara por primera vez dentro de la industria del café especial.

"Existe una necesidad abrumadora de una organización completamente dedicada a seguridad alimentaria dentro de las comunidades cafeteras de todo el mundo", espeté. "¡Marcela! ¡Podrías ser la Directora Ejecutiva!" Nos miramos el uno al otro por un momento y luego agarramos lápices y servilletas y comenzamos una lluvia de ideas. Redactamos una declaración de misión, patrocinadores potenciales y posible junta de miembros. ¿Por qué no habíamos pensado en esto antes? En los siguientes meses, la idea hervía a fuego lento como un buen guiso. Sabía que sería una realidad cuando se nos ocurrió el nombre "Food 4 Farmers (F4F -Alimentos para los Productores)". Es una triste ironía el que los productores sean los que necesitan comida, pero así es y F4F se dedicaría a ayudarles.

Poco a poco, nuestra idea se transformó en realidad. Se nos ocurrió una suave, pero útil declaración de la misión: "Nuestra misión es facilitar la implementación de programas sostenibles de seguridad alimentaria en las comunidades que cultivan café." Atrajimos al grupo a Janice Nadworny, que acababa de dejar Grounds for Health. Ella amaba la idea. Ella era muy buena estableciendo nexos y coordinaciones y ella conocía a casi todos en la industria. Janice llevó a su hermano, Eric, un abogado, para ayudarnos a establecer y presentar la documentación necesaria para la categoría de impuestos designada para registrarse como 501 (c) (3), común entre organizaciones sin fines de lucro. Registrarse de esa forma era beneficioso no solo para la eventual recaudación de fondos, sino porque teníamos que lograr organizarnos y demostrar que nuestra misión tenía sentido. Trajimos al profesor Méndez y Todd Barker, un consultor de desarrollo internacional. Bill Mares, un experto en abejas de Burlington con mucha experiencia internacional (y coautor de este libro) se abrió paso en la Junta.

Ahora llevaba varios sombreros en todo esto: fundador, financiador, miembro de la junta. No éramos un brazo de Green Mountain, pero queríamos poder postular a Green Mountain para su financiación. Dejé en claro que si F4F solicitaba una subvención de Green Mountain Coffee Roasters que declinaría cualquier discusión relacionada con su aplicación. Janice comenzó a recaudar dinero. Marcela empezó a trabajar en dos proyectos. Janice y Bill trabajaron juntos en un proyecto de apicultura que implicó un intercambio de información basado en la web entre apicultores. No sabía hacia dónde iba F4F, pero ya nos estábamos moviendo en una dirección positiva.

"¡QUIERO QUE LA GENTE LLORE!": DESPUÉS DE LA COSECHA

Alrededor de un mes después de mi discusión con Marcela, Laura Peterson del departamento de marketing de Green Mountain Coffee me pidió que fuera una de las veinticinco personas que serían entrevistadas para un video de la historia de la compañía para marcar su trigésimo aniversario. Estuve de acuerdo, pero cuando llegó el día de estar noventa minutos delante de una cámara, no era una estrella brillante. Estaba cansado de viajar y no había dormido bien. Afortunadamente, las preguntas fueron muy generales y yo pude responderlas de una manera algo coherente. La mayoría de las preguntas se relacionaban con el pasado, particularmente con colegas, la mayoría de los cuales ya no eran parte de la compañía, pero habían jugado un papel importante en el desarrollo de Green Mountain. Sin embargo, en los últimos tres o cuatro minutos de grabación, el entrevistador preguntó sobre mi trabajo actual. Hablé sobre el trabajo de seguridad alimentaria, el estudio del CIAT que reveló "los meses flacos" y la conferencia que acababa de asistir en Nicaragua.

"¿Por qué todo esto es tan importante para ti?", Presionó.

Estuve en silencio por unos segundos. Entonces simplemente lo perdí. Comencé a llorar. Lloré por solo diez segundos, pero parecieron minutos. Me recompuse y declaré que para mí este era el trabajo más importante que había hecho hasta ahora. Esto era una retribución a los productores que pagaban nuestros salarios. Estas eran personas que conocía desde los campos y las cooperativas. Eran amigos y casi familia. Después, me disculpé con Laura. Entonces le pregunté: "¿Cuándo terminarás con este proyecto? Deberíamos hacer una película sobre "los meses flacos".

"Hagámoslo", dijo ella.

"¿En serio?"

"En efecto. Tendremos que aprobarlo y encontrar un presupuesto. Pero esas cosas no deberían ser difíciles." Emocionado, volví y desarrollé una propuesta para que fuera considerada por el Equipo de País de Origen. Me sentí un poco tímido, porque había estado predicando sobre no poner dinero en algo que no tocara directamente a los productores. Le dije al equipo que esta película no sería un lujo; sería de bajo presupuesto e informaría lo que estaba sucediendo para generar conciencia dentro de la industria y con el potencial de generar significativamente más recursos para ayudar a los agricultores en su lucha por la seguridad alimentaria. Nuestra audiencia principal era la industria del café especial. Estas compañías tendrían el mayor interés propio y eran los que podrían hacer más bien. El equipo aprobó la propuesta de inmediato.

Laura y yo escribimos un borrador de guion. Medio en broma le dije: "Quiero que la gente llore... y luego se muevan a la acción!" Yo quería que la película tocara las mentes de las personas y sus corazones. Bloqueamos una semana para filmar y elegimos proyectos en comunidades donde CIAT había conducido sus entrevistas y donde los había visitado antes: uno en Nicaragua y otro en México. Nosotros nos pusimos en contacto con Brian Kimmel, un camarógrafo en Portland, Oregón. Él había filmado la conferencia "Food Security Solutions" que habíamos patrocinado en Selva Negra en Nicaragua solo unos meses antes. Yo había visto su trabajo y era excelente. Se lo recomendé a Laura y él, junto con su ayudante David Estrada, aceptó hacerse cargo de la película.

Pasamos las siguientes semanas en un frenesí de preparación. Pasaron difusas y luego llegó el momento de comenzar a filmar. Fueron siete días locos llenos de tormentas, animales, baches, dormir en casas de agricultores y comer a la carrera. Nosotros volamos a Nicaragua y nuestro primer lugar para filmar fue un pueblo ubicado a aproximadamente cuatro horas conduciendo desde Managua. La primera familia que filmamos fue la de Juana. Juana era una participante en el proyecto de seguridad alimentaria de CECOCAFEN que miraba el vaso de la vida como medio lleno. Ella había decidido diversificar su parcela de café para cultivar frutas y vegetales. Ella también hacía mermeladas para vender en el mercado local. Luego visitamos a una mujer con un puesto en la carretera donde vendía sus productos horneados a las personas que tenían dinero para gastar después de la cosecha de café. Ella también trabajaba como cocinera en la escuela local. Su esposo había usado parte de su tierra para cultivar pimientos. Tuvo tanto éxito que contrató a varias personas para que trabajaran para él.

El segundo día, fuimos a otra comunidad donde los productores no estaban organizados; por lo tanto, tenían que venderles a los coyotes de café. Gracias al trabajo de Save the Children en la comunidad, los hombres estaban hablando de organizar una cooperativa y posiblemente unirse a CECOCAFEN. Este proyecto de Save The Children se enfocaba en ayudar a las familias cafeteras a diversificar su tierra para cultivar alimentos para su propio consumo y para ayudar a los productores a diversificar sus fuentes de ingresos. Todo esto se estaba haciendo para asegurar que las mujeres y los niños tendrían seguridad alimentaria y comida nutritiva en la mesa todos los días del año. Las familias ahora estaban cultivando huertos con hortalizas grandes, secando maíz y frijoles en pequeños invernaderos de plástico y luego almacenando estos en silos metálicos altos de ocho pies, que protegerían estos alimentos básicos de la humedad y los roedores. Las familias podrían entonces consumir estos productos durante todo el año y vender cualquier exceso en el mercado local.

Nuestro guion fue el bosquejo más escueto; respondimos y filmamos lo que mirábamos. Como era domingo, tuvimos que recrear una escena escolar solicitando venir a la escuela a cuanto niño pudiéramos encontrar. También filmamos en una clínica local donde enseñaban nutrición y pesaban bebés para determinar si su peso caía dentro del rango normal para su edad. Cincuenta por ciento de los bebés que fueron llevados a la clínica estaban desnutridos, lo que irreversiblemente atrofiaba tanto su desarrollo físico como mental. Rodamos más imágenes de huertos y trabajo en invernaderos. En añadidura, Brian y David tomaron muchas fotos fijas que podrían ser entrelazadas en la película.

Viajar a Chiapas, como siempre, fue interesante. Habíamos alquilado un vehículo. Queríamos tracción a las cuatro ruedas, pero no había nada disponible. En circunstancias normales, las carreteras son malas, pero esta era la temporada de lluvias. Había solo una manera de llegar a Nueva Colombia, el pueblo donde íbamos a filmar. El camino de acceso alternativo había sido cerrado por aludes de lodo. Después de un largo viaje tambaleándose, deslizándose y ocasionalmente empujando nuestro vehículo hacia la montaña, finalmente llegamos empapados y cubiertos de barro. Qué espectáculo debemos haber sido. Estaba lloviendo a cántaros. Había truenos y rayos por todas partes. Pero tan pronto como llegamos a la aldea, Brian, dijo "Vamos, se está acercando el anochecer: salgamos, comencemos y filmemos. Esta es la temporada de lluvias. Si no capturamos esto, estaremos perdiendo su realidad." Mi realidad era húmeda, fangosa y también cansada, pero él tenía razón así que fuimos a filmar.

Todos nosotros, más algunos productores de café, subimos a la parte trasera de una pequeña camioneta Toyota. Mientras la camioneta avanzaba pesadamente, el conductor hizo todo lo posible para evadir grandes baches y rocas, nos agarramos lo mejor que pudimos. La lluvia no paraba. La camioneta se detuvo en el medio de la carretera, con un trueno y un rayo sobre nuestra cabeza. El cielo gris se oscurecía a medida que se acercaba el crepúsculo. Nosotros bajamos de la camioneta y caminamos hacia una casa de ladrillos de barro muy pequeña situada al otro lado de la carretera. El humo se elevaba desde su exterior cocina, así que sabíamos que alguien estaba en casa. Octavio, quien nos acompañó desde CESMACH, se acercó a la casa y fue seguido por el equipo de filmación. Laura y yo esperamos cerca del camión. Unos minutos más tarde, el equipo regresó y filmó a un productor caminando por la carretera con su impermeable amarillo. En este punto, caminé hasta el hogar, donde le di las gracias al productor y a su esposa por permitirnos filmar la película. Luego me volví para mirar la cocina cubierta al aire libre. Sus dos jóvenes hijas estaban acurrucadas una junto a la otra, aparentemente asustadas por todos los visitantes que de repente aparecieron en esta remota casa. Hice mi mejor esfuerzo para tranquilizarlas antes de caminar de regreso a esperar con Laura junto a la camioneta. Cuando miré hacia atrás en el pequeño hogar, la familia estaba de pie en la entrada de la casa de una habitación. Estaba cansado; las lágrimas brotaron en mis ojos y sollocé. Laura se volvió hacia mí y me preguntó si estaba bien. Respondí: "Sí, pero estoy cansado y no importa cómo muchas veces viajo a las tierras de café, escenas como esta me rompen el corazón."

Pasamos todo el día siguiente en Nueva Colombia filmando a los lugareños, algunos quienes participaban en el proyecto de seguridad alimentaria de Heifer International. Nosotros filmamos una variedad de proyectos, desde la crianza de cerdos y tilapias hasta la apicultura. Fue genial trabajar con Brian. Iba con la corriente, hizo ajustes siempre que fue necesario y tenían algunas ideas muy originales sobre cómo rodar la película. Entrevistamos a otro joven, Arnulfo Ricardez, que había emigrado a los Estados Unidos ilegalmente para ganar dinero, porque incluso con precios de café más altos no podía ganar suficiente dinero en México para comprar comida para él y su familia. Fue desgarrador escuchar su historia, sin embargo, fue exactamente el tipo de historia que esperaba contar en esta película. No podríamos haber escrito algo mejor.

Más tarde ese día, las nubes comenzaron a moverse nuevamente. Estaba preocupado de que podríamos quedar atrapados por el clima y refunfuñé a Laura, "si hay otro deslizamiento de tierra, estaremos aquí tanto tiempo que tendremos que comprar nuestro todoterreno de alquiler." Nos fuimos a media tarde antes de que llegaran las grandes lluvias. En la cena, le pregunté a Brian si sentía que tenía suficiente material. Mientras filmaba en Nicaragua, no estaba seguro de que terminaríamos con lo suficiente para producir una película de 20 minutos. Él puso su tenedor, tomó una pausa dramática y dejó que me agitara un poco, "¡Sí, lo tenemos!". Si bien aún quedaba mucho por hacer, todos sentimos que habíamos logrado lo que nos habíamos propuesto hacer: capturar buenas secuencias en bruto y entrevistas con las personas afectadas por "los meses flacos".

Entonces llegó el momento de organizar el material y establecer la narrativa de nuestra película, que llamamos *Después de la Cosecha*. Laura trabajó estrechamente con Brian y otros para aprovechar al máximo las imágenes de Nicaragua y Chiapas. Ella se involucró realmente en este proceso. Cuando vi las ediciones sucesivas, estaba satisfecho. Me impresionó la calidad de la película de Brian y la inteligencia de la organización y edición de Laura. Algo bueno vendría de todo nuestro trabajo. Tuvimos un gran equipo trabajando en eso.

Invitamos a Daniele Giovannucci, un reconocido experto en desarrollo, a hablar sobre "los meses flacos" en la película. Él dijo: "La pesadilla del café de especialidad es que es un producto básico y los productores no tienen control sobre su precio. Además, a medida que pasan más tiempo en este único cultivo, tienen menos tiempo para producir comida, que es lo que habían hecho antes. Se abrieron bolsas de hambruna en tierras ricas donde los agricultores deberían poder alimentar a sus familias." El equipo de Heifer International dio un gran impulso a la película cuando ayudaron a persuadir a la actriz ganadora de un Oscar Susan Sarandon para que narrara la película.

Me opuse firmemente a calificar la película como un proyecto de Green Mountain Coffee Roasters. Queríamos llegar a la audiencia más amplia posible en la industria y eso no vendría si parecíamos estar tocando nuestro propio cuerno. En cambio, Green Mountain contribuyó con el dinero para la producción a la nueva organización sin fines de lucro de Bill Fishbein, conocida como Coffee Trust. (Bill había dejado Coffee Kids unos años antes). Los gastos totales ascendieron a $ 38,000, que cubrieron el trabajo de Brian y David, nuestros viajes, la edición y los costos de impresión para 1,000 DVDs. Incluso nos sobraron $ 1,000 para comenzar a construir un sitio web sin marca, www.AfterThe Harvest.org, para albergar la película y enlaces a estudios de investigación sobre la seguridad alimentaria. Le pedimos a Coffee Trust que protegiera la propiedad intelectual de la película, para que Brian pudiera entrar en festivales de cine y podríamos intentar introducirlo en la televisión educativa.

Apenas diez días después de la filmación, en septiembre de 2010, volé a Houston para una sesión de planificación de SCAA para la conferencia del próximo año y alenté al equipo de planificación a presentar la película no solo una vez sino tres veces durante la próxima conferencia. En abril de 2011, estrenamos After the Harvest ante 300 de las personas más influyentes en la industria del café especial. En mis observaciones introductorias en ese evento, dije: "La inseguridad alimentaria entre los productores de café amenazan la misma sostenibilidad de nuestra industria. La falta de alimentos nutritivos tiene muchas repercusiones más allá del hambre solamente. Afecta la salud, la energía para hacer el trabajo y la capacidad de los niños para aprender. Fuerza la migración de las comunidades cafetaleras y, sí, en última instancia, tiene un impacto negativo en la calidad del café. La comida es fundamental para toda actividad humana. Sin una estrategia industrial que se centre en la seguridad alimentaria, estamos construyendo nuestra casa de la industria sobre una base vacilante e insostenible. Resolver este problema está más allá de la capacidad de una sola compañía. Requiere y demandas una respuesta de la industria."

Con un solo de guitarra simple como fondo, la película presentó las experiencias y palabras de los productores en nuestra cadena de suministro. Sin problemas, tejió las palabras de Sarandon con las de los caficultores, Daniele y yo. Cuando la película terminó, hubo silencio durante unos diez segundos. Pensé que habían bombardeado. Luego la habitación rompió en aplausos. No hubo tiempo para preguntas, pero luego varias personas se acercaron a mí para compartir sus reacciones. Dave Griswold de Sustainable Harvest dijo que tenía lágrimas en los ojos. Ennio Ranabaldo, un ejecutivo de Lavazza Coffee, habló por varios cuando dijo: "No es correcto importar todo este café y no hacer algo por las familias hambrientas que cultivan estos granos. Quería hacer algo para ayudar inmediatamente."

Mostramos After the Harvest dos veces más en la conferencia principal de SCAA en Houston, una vez en una recepción de Coffee Kids y una vez con panelistas de tres pequeñas ONG que trabajan en seguridad alimentaria-Café Femenino, Pueblo a Pueblo y Food 4 Farmers. Queríamos alentar a los espectadores a comenzar una pequeña coalición de trabajo para continuar con el proyecto. La tarde de la primera proyección, organizamos una sesión de trabajo abierta para cualquiera que estuviera interesado en hablar más sobre este tema. Participaron una treintena de personas de una variedad de compañías. La mayoría quería ayudar, pero indicaron que necesitaban un tiempo para digerir la película. Estaban pasando exactamente por lo que yo había pasado cuando supe de "los meses flacos" mientras hacía las entrevistas uno-a-uno en Nicaragua con el CIAT. Antes de que este grupo se fuera, les preguntamos a los que estaban interesados en continuar la conversación que dejaran sus nombres y correos electrónicos.

Configuramos el sitio web AfterTheHarvest.org para proporcionar una descarga fácil de la película, la investigación sobre seguridad alimentaria y recursos tales como carteles para promover la película, que podían ser descargados e impresos por cafés que quisieran mostrar la película a los clientes. También comenzamos a investigar un tour de café donde se mostraría y discutiría la película y las personas podrían contribuir a cualquiera de las varias ONG que trabajan en seguridad alimentaria.

Después de la conferencia de SCAA de 2011, Green Mountain contrató a Shana Alexander-Mohr para ayudarme a reunir a un pequeño grupo de líderes en la industria para continuar desarrollando esta idea, para percibir cosas similares que suceden en otras industrias y en última instancia, para ver si un pequeño grupo de profesionales del café de diferentes compañías querrían colaborar en proyectos de seguridad alimentaria. Quería que Green Mountain fuera parte del proceso, pero no para dominarlo. La compañía apoyaría la reunión inicial de lanzamiento de este grupo; sin embargo, una vez formado, el grupo debía ser responsable de su propio progreso y actividades. En ese momento, había tenido discusiones con representantes de empresas de todos los tamaños para unirse a esta coalición. Si algunas compañías podían colaborar en un proyecto de seguridad alimentaria y desarrollar una relación de trabajo basada en confianza mutua, podrían desarrollar un modelo para que otros siguieran en el manejo de problemas que son demasiado grandes para que una sola empresa los resuelva, tal vez algo como el calentamiento global. Es importante que cualquier persona comprometida tenga un asiento en la mesa, una empresa de "mamá y papá" sentada al lado de gigantes corporativos, ninguna compañía podía hacerlo sola. Necesitamos colaborar y unir fuerzas para alcanzar el máximo bien.

ALCANCE DE LA CADENA DE SUMINISTRO PARA EMPRESAS NO CAFETERAS

Como las ventas de las cafeteras Keurig y K-cups siguieron aumentando, también lo hizo nuestro presupuesto de alcance a comunidades de café. Nuestro primer proyecto de seguridad alimentaria ayudó aproximadamente 300 familias en Nicaragua. Solo tres años después, los proyectos de seguridad alimentaria que estábamos financiando a través de varias cooperativas y ONGs tocarían a más de 40,000 familias, aproximadamente 230,000 personas. Durante la primavera de 2011, realicé dos viajes a Washington DC para visitar la Agencia de Desarrollo Internacional de los Estados Unidos (USAID por sus siglas en inglés). En octubre de ese año, Green Mountain y USAID firmaron un memorando de entendimiento.

La nueva colaboración permitió a USAID y Green Mountain activamente explorar el apalancamiento de esta relación para apoyar proyectos en América Latina y la región del Caribe. También puede vincular el programa Feed the Future del gobierno de Estados Unidos y las iniciativas mundiales de cambio climático con el apoyo de Green

Mountain para las comunidades rurales en su cadena de suministro de café. Las iniciativas futuras probablemente se centren en mejorar la seguridad alimentaria, optimizar la nutrición y apoyar la adaptación al cambio climático en ciertas áreas rurales donde Green Mountain compra café. También en 2011, la compañía acordó financiar un proyecto regional de seguridad alimentaria con Catholic Relief Services enfocado en América Central y ampliar su apoyo a los proyectos de seguridad alimentaria de CRS en África Oriental, en Ruanda, Kenia y Etiopía.

En 2012, exploramos la expansión de nuestro alcance comunitario de la cadena de suministro a los agricultores y trabajadores que producen productos que no son de café. Esto puede incluir trabajadores que producen la cafetera Keurig en plantas de todo el mundo, productores de cacao que cultivan el cacao que se utiliza para producir tazas de chocolate caliente en la cafetera Keurig, trabajadores del huerto que cosechan manzanas para producir sidra de manzana con la cafetera Keurig, y muchas, muchas más.

Nuestro enfoque en las familias cafeteras ha sido responder a sus necesidades humanas básicas. Pero mirando hacia cadenas de suministro tan variadas, largas y complejas, ¿Podríamos encontrar un enfoque que funcione en todas partes? Mientras profundizábamos sobre esto desafío, me sorprendió la relativa simplicidad de la cadena de suministro de café. El cultivo de café es más o menos el mismo en todo el mundo; la planta en sí, el crecimiento, el procesamiento y los mercados son todos muy similares. Ahora estamos hablando sobre muchos productos nuevos, desde cacao hasta papel de filtro, desde manzanas hasta especias. ¿Podríamos idear un proceso analítico que sea tanto simple como efectivo?

No siempre hemos sido capaces de acercarnos tanto a los productores de los productos que no son café como nos hemos acostumbrado con nuestros caficultores. Por ejemplo, con el cacao, debido a la naturaleza del procesamiento y la mezcla, es casi imposible rastrear el origen del cacao que está bebiendo hasta la puerta de la finca. Las certificaciones brindan un nivel de transparencia en la cadena de suministro. Con Comercio Justo, por ejemplo, lo mejor que podemos hacer para satisfacer nuestras necesidades es lo que se conoce como "balance de masas". Cuando una empresa quiere comercializar un cacao como Comercio Justo, un procesador compra el cacao de una cooperativa de Comercio Justo. Durante el proceso de fabricación, este cacao se mezcla con otros cacaos no certificados como Comercio Justo. A pesar de que el cacao que la compañía finalmente recibe puede o no contener productos de la cooperativa de Comercio Justo, la compañía recibe crédito por su compra de Comercio Justo a través del "balanceo masivo".

Con las manzanas, el desafío es similar. Grandes operaciones de cultivo de manzanas seleccionan sus manzanas, que llegan de muchas granjas, basadas en la calidad de las manzanas. Las manzanas se envían a un distribuidor donde se venden y envían dependiendo de cómo se usarán. Manzanas de alta calidad, casi perfectas en apariencia son enviadas a los supermercados. Otras manzanas, quizás con algunas manchas, se utilizan para producir puré de manzana, jugo de manzana y otros elementos que requiere un procesamiento posterior. Durante estos pasos, las manzanas se mezclan con manzanas de otras granjas, así que de nuevo es muy difícil identificar las fincas específicas y trabajadores agrícolas que produjeron el producto final.

Una gran contribución a los beneficios de la empresa ahora proviene de la venta de una máquina hecha por los trabajadores en las plantas de producción, no los agricultores en los campos. Con un modelo industrial, tenemos que incluir a los trabajadores, no solo a los agricultores. Ahora estamos ocupándonos de las necesidades básicas de los trabajadores, no solo las de los agricultores. ¿Cuáles son las necesidades básicas de los trabajadores en una planta de Keurig en el sudeste de Asia? Sería muy desafiante si la mayor necesidad en una planta de fabricación es un televisor de pantalla plana para los trabajadores que viven en un dormitorio por tres años. ¿Cómo comparamos y equilibramos esta necesidad con los productores de cacao o café que tienen el desafío de poner comida sobre la mesa muchos meses del año? Para abordar las necesidades de los trabajadores en la fábrica, debemos explorar el paisaje de producción para identificar proyectos que apoyarán las necesidades humanas específicas y básicas de los trabajadores. Recién comenzamos nuestro viaje en este camino y como siempre, nos enfocamos en aprender tanto como podamos directamente y "sobre el terreno" antes de avanzar hacia apoyar cualquier iniciativa.

Mirando hacia atrás en el trabajo de alcance de Green Mountain en las tierras de café, uno de nuestros principales éxitos iniciales fue ser lo suficientemente humilde como para buscar más información sobre los desafíos y oportunidades que las familias cafeteras enfrentaban. Teníamos y siempre tendremos, tiempo y recursos limitados, así que le debemos a nosotros mismos y a los productores y trabajadores utilizar estos recursos de manera efectiva tanto como sea posible. No solo queremos alcanzar el objetivo; queremos dar en el centro del objetivo. Para hacerlo, continuaremos usando la teoría de la burbuja del desarrollo y participar en investigaciones que ayuden a comprender las condiciones en el terreno, así como las aspiraciones de los productores, los trabajadores y sus familias. Buscaremos replicar el enfoque basado en la investigación que tomamos con el CIAT a medida que avanzamos hacia apoyar esfuerzos en nuestras cadenas de suministro que no son de café.

El segundo problema que tenemos ante nosotros es cómo hacer crecer el alcance en la cadena de suministro. ¿Cómo podemos organizar mejor nuestro departamento para asumir en las crecientes oportunidades para un mayor alcance? Actualmente, un equipo de tres personas supervisa alrededor de noventa proyectos. ¿Cuántos proyectos podemos gestionar y apoyar efectivamente? Pronto tendremos que sentarnos y observar de cerca cómo podemos proporcionar la asistencia más importante para los productores, trabajadores y sus familias, en caso de que los recursos continúen creciendo a un ritmo muy saludable. ¿Deberíamos estar haciendo más a través de otras grandes ONG que tienen una infraestructura establecida? Tal vez debemos limitarnos a un número muy pequeño de beneficiarios y aumentar la amplitud y profundidad de sus proyectos. Tal vez deberíamos considerar establecer un mínimo de donaciones. Lo pequeño no siempre es mejor: la transparencia y el impacto siempre lo son.

Ahora estamos desarrollando la práctica de la superposición y la agrupación de proyectos, como los proyectos de seguridad alimentaria de CECOCAFEN y Save the Children, que ayudan a diferentes familias en las mismas comunidades nicaragüenses. La idea es construir un núcleo de servicios en una región y luego desarrollarlo hacia afuera. Estamos construyendo lo que llamo "bolsillos de progreso".

Tal vez sea obvio para usted en este punto que los proyectos más satisfactorios en los que he trabajado han sido los que han llegado a los pequeños productores y sus familias directamente. Cuanto más cerca del nivel del suelo y la parte inferior de la pirámide vamos, más feliz soy. Sabemos que no podemos abordar todas las necesidades, pero tratamos de ayudar a satisfacer las necesidades humanas básicas y continuaremos esforzándonos para asegurar que nuestros proyectos tengan un impacto positivo. La realidad es que hay muchos productores, trabajadores y sus familias en nuestra cadena de suministro cuyas necesidades básicas no se han cumplido. Debemos enfrentar estos desafíos directamente donde sea que existen en el hogar o en la fábrica. Nuestras vidas son interdependientes y nuestro futuro depende de eso. Esta es nuestra prioridad en cuanto alcance en la cadena de suministro y esto es lo que me saca de la cama por la mañana.

ÚLTIMAS PALABRAS

¿Por qué dejé que Bill me convenciera de escribir este libro? Porque quiero que sea una voz para aquellos que no tienen. En mi carrera, he intentado trabajar silenciosamente para los menos favorecidos, para traer más justicia y justicia social a mi comunidad y a mi trabajo. Me gustaría pensar que durante mi tiempo en Green Mountain Coffee Roasters, ayudé a la compañía a elevar el listón en la forma en que abordamos la sostenibilidad a largo plazo de nuestros socios de la cadena de suministro. Al hacerlo, en alguna pequeña manera, mi trabajo ha beneficiado a los productores, a los trabajadores y a sus familias, indirectamente, esto afecta a la empresa y quizás a toda la industria del café. Incluso los gerentes de nivel medio tienen la oportunidad de poner sus valores y talentos a trabajar para ayudar a otros a avanzar, ya sea que se encuentre en una ubicación remota dentro de su cadena de suministro o trabajando directamente en el siguiente cubículo.

El viejo mantra simplista de la industria que suponía precios más altos significa una mejor calidad de vida ha sido refutada. Sí, hay casos como Ruanda donde el café ha tenido un efecto enormemente beneficioso en la sociedad y la economía. Pero en la gran mayoría de los países y regiones cafetaleras, esta suposición ha dejado a millones de personas en la pobreza. En definitiva, esa pobreza presenta un desafío a la vitalidad de la industria. En áreas rurales alrededor del mundo, las futuras generaciones de caficultores están dejando el campo en masa y se dirigen a los centros urbanos en busca de una vida mejor. Ellos están cuestionándose su vida cotidiana: "¿Por qué me quedo aquí cuando no hay suficiente comida en gran parte del año? ¿Por qué estoy bebiendo agua sucia? ¿Por qué tengo que caminar dos horas para llegar a una enfermera y luego dar media vuelta y caminar a casa enfermo? ¿Por qué no puedo ir a una escuela secundaria? ¿Qué futuro hay para mí aquí?"

Si la industria del café continúa concentrándose solo en la calidad del café e ignora las aspiraciones de los hombres y mujeres jóvenes que viven en esas comunidades productoras de café, está condenada. Podemos tener los mejores híbridos resistentes a las enfermedades y al clima y el café de mejor calidad en el mundo, pero si no tenemos las personas para plantar, podar y fertilizar los árboles, cosechar las cerezas de café y procesar los granos, entonces no tenemos un futuro. A menos que podamos brindarles a los jóvenes una razón para quedarse en la finca, muchos no lo harán. Debemos darnos cuenta de que la oficina corporativa no está desconectada de la finca de café. La relación es simbiótica y la cuestión de qué es lo correcto y justo para nuestros proveedores eventualmente será respondido por nuestra propia supervivencia o fallecimiento.

Los desafíos que enfrenta nuestro mundo y nuestras comunidades: pobreza, hambre, energía, cambio climático y más, son tan grandes que ya no podemos permitirnos hacer frente a ellos únicamente en horarios extendidos y fuera de la oficina. No podemos vivir en dos mundos, con dos conjuntos distintos de valores; es hora de unir a estos mundos como uno solo. Si cada uno de nosotros da un pequeño paso cada día para incorporar nuestros propios valores personales y esperanzas para la comunidad global en nuestro trabajo diario, el mundo cambiará drásticamente.

Hay muchas maneras de agregar valor a su empresa y a su vida. El camino que yo tomé ha exigido un enfoque más amplio y de más largo plazo. No hace un acercamiento solo a lo que una persona puede contribuir aquí y ahora para la empresa; sino que mira el impacto potencial a largo plazo de las acciones diarias en el futuro de la compañía, el futuro del planeta y las personas con quien lo compartimos, especialmente aquellos que están en la parte inferior de nuestras cadenas de suministro tipo pirámides que ayudan a pagar nuestros salarios. Llevar sus valores personales a su trabajo libera un increíble nivel de energía, esto a su vez, conduce a un desarrollo personal mucho más rico y profundo y satisfacción que simplemente ganar más dinero o escalar la escalera corporativa.

Es cierto que es un gran desafío dar el primer paso. Se necesita valor para poner sus valores en su trabajo y hablar cuando sepa que las cosas no están bien. Pero, solo tienes una vida en este planeta, con más de un tercio de ella dedicado a ganarse la vida. ¿Cómo usarás el resto de tu tiempo? El mundo está esperando tu respuesta y el tiempo corre.

RECONOCIMIENTO PARA *FOMENTANDO EL CAMBIO*

"Cada persona tiene la capacidad de hacer un impacto positivo en el mundo. Rick Peyser es una prueba viviente que, si el mundo cambiará, será cambiado por gente ordinaria haciendo cosas extraordinarias."

-Bill Fishbein, The Coffee Trust, fundador de Coffee Kids

"Newman's Own Organics y Green Mountain Coffee Roasters establecieron una alianza en 2003. Conocí a Rick Peyser cuando nuestro café fue introducido en McDonald's en Nueva Inglaterra dos años después. Rick es un hombre notable, amable y desinteresado. He aprendido más de él sobre el impacto social y ambiental del café orgánico de Comercio Justo que de nadie más. Recomiendo mucho "Fomentando el Cambio", sobre la firme dedicación de Rick a la responsabilidad social y liderazgo en la industria de café."

-Nell Newmann, co-fundador de Newmann's Own Organics

"Si un mero un por ciento del público consumidor de café en los Estados Unidos escuchara el mensaje de Rick, comprendiera el objetivo de su trabajo y se involucrara, las comunidades de café alrededor del globo se verían tremendamente influidas"

-Mausi Kuhl, copropietaria finca Selva Negra, Nicaragua

SOBRE EL LIBRO

En parte una película documental de viaje, parte reportaje social inspirador y parte modelo de negocio motivador, *Fomentando el Cambio* es sobre la cruzada obstinada de un gerente medio reservado para cambiar el mundo del café. Durante sus 27 años en Green Mountain Coffee Roasters, Rick Peyser ha sido una voz persistente incidiendo por una mejor calidad de vida en las comunidades productoras de café. Se ha unido a su amigo de muchos años y escritor Bill Mares para contar la historia de su carrera y de sus viajes alrededor de tierras cafetaleras en América Latina y África del Este. Una apertura de los ojos y conmovedor, *Fomentando el Cambio* es una historia que nos muestra la naturaleza indomable del espíritu humano y nos recuerda de los cambios dramáticos que son posibles cuando los individuos luchan por un mundo equitativo. El libro hace una crónica del irresistible viaje personal de Peyser y ofrece una visión interna fascinante de una de las compañías más exitosas en el negocio del café.

SOBRE LOS AUTORES

BILL MARES es un escritor y comentador de la Radio Pública de Vermont. Es también presidente de la Asociación de Apicultores de Vermont, un ex profesor de secundaria, y fue miembro de la Casa de Representantes de Vermont de 1985 a 1991. Un corredor ávido, lector, cantante de coro y viajero, tiene también una gran pasión por la historia, filosofía y la pesca. Mares es el autor de varios libros, incluyendo *Abejas Sitiadas* (Bees Besieged) y *Pescando con los presidentes* (Fishing with the Presidents). Vive en Burlington, VT con su esposa, Chris Hadsel.

RICK PEYSER fue el Director de Incidencia Social y Alcance con Comunidades de Café de Green Mountain Coffee Roasters, donde trabajo casi desde que la compañía fue fundada. Es un antiguo presidente de la Asociación de Cafés Especiales de América. Cuando no está viajando, Rick está corriendo, haciendo caminatas en la nieve o practicando esquí de fondo. Desde 1989, ha completado más de 40 maratones. Rick también disfruta tocar los teclados en bandas de R&B (Rhythm and Blues) y desplazarse en su motocicleta BMW de 28 años.